DK 677.022
677.024

FORSCHUNGSBERICHTE
DES LANDES NORDRHEIN-WESTFALEN

Herausgegeben durch das Kultusministerium

Nr. 937

Dipl.-Ing. Waldemar Rohs
Dipl.-Ing. Rudolf Otto
Text.-Ing. Hugo Griese

Techn.-Wissenschaftl. Büro für die Bastfaserindustrie, Bielefeld

Trockenspinnverfahren für Leinengarne und Einsatz trocken gesponnener Garne in der Leinenweberei

Als Manuskript gedruckt

WESTDEUTSCHER VERLAG / KÖLN UND OPLADEN

1960

ISBN 978-3-663-03762-0   ISBN 978-3-663-04951-7 (eBook)
DOI 10.1007/978-3-663-04951-7

G l i e d e r u n g

1. Aufgabenstellung und Durchführung der Untersuchungen . . . . . S. 5

2. Spinnverfahren . . . . S. 6
   - 2.1 Naßspinnen . . . . S. 6
   - 2.2 Trockenspinnen . . . . S. 8
     - 2.21 Trockenspinnen von Vorgarn . . . . S. 8
     - 2.22 Gillspinnen von Band . . . . S. 9
     - 2.23 Hochleistungsspinnen von Band . . . . S. 11

3. Spinnversuche . . . . S. 12
   - 3.1 Spinnmaterial und Garnnummer . . . . S. 12
   - 3.2 Spinnmaschinen . . . . S. 13
   - 3.3 Spinnpläne . . . . S. 18

4. Ergebnisse der Spinnversuche . . . . S. 21
   - 4.1 Spinnleistung . . . . S. 21
   - 4.2 Garnprüfung . . . . S. 24
   - 4.3 Zusammenfassung der Spinnergebnisse . . . . S. 29

5. Eignungsprüfung der Garne in der Weberei . . . . S. 35
   - 5.1 Die Versuchsgewebe . . . . S. 35
   - 5.2 Vorbereitung der Schußgarne . . . . S. 37
   - 5.3 Verweben der Vergleichsgarne . . . . S. 37
   - 5.4 Gewebeprüfung . . . . S. 37

6. Ergebnisse der Webversuche . . . . S. 38
   - 6.1 Beobachtungen bei den Webversuchen . . . . S. 38
   - 6.2 Gewebeprüfungen . . . . S. 40
     - 6.21 Visuelle Gewebebeurteilung . . . . S. 40
     - 6.22 Prüfung der Luftdurchlässigkeit . . . . S. 47
     - 6.23 Prüfung der Saugfähigkeit . . . . S. 48
     - 6.24 Prüfung der Gewebefestigkeit und -dehnung . . . . . S. 48
   - 6.3 Zusammenfassung der Webergebnisse . . . . S. 53

7. Vor- und Nachteile bei Herstellung und Einsatz naß- und trockengesponnener Leinengarne . . . . S. 55

8. Zusammenfassung . . . . S. 55

1. Aufgabenstellung und Durchführung der Untersuchungen

Bei der Herstellung von Flachs- und Flachswerggarnen in dem hauptsächlich genutzten Nummernbereich überwiegt bei weitem das Naßspinnverfahren, bei dem die Aufteilung der technischen Fasern während des Verzuges durch die vorausgehende Quellung der Klebstoffe in einem Heißwasserbad unterstützt wird. Die so gesponnenen Garne zeichnen sich durch eine für Bastfasergespinste optimale Gleichmäßigkeit und Festigkeit aus.

Beim Trockenspinnen der Bastfasergarne werden die Bündelfasern nur durch mechanische Bearbeitung aufgeteilt. Die Ausspinnbarkeit der Rohstoffe ist nach den bisher bekannten Spinnverfahren begrenzt. Dazu kommt, daß die Trockengarne in ihrem Charakter und ihren Eigenschaften sich von den Naßgespinsten teilweise nachteilig unterscheiden. Ihre Gleichmäßigkeit und Festigkeit sind im allgemeinen geringer, und ihr Aussehen ist infolge der schlechter eingebundenen spröden Fasern im Vergleich zum Naßgarn rauher, bei dem das sich aus den Pektinverklebungen ergebende geschlossenere Äußere auch nach dem Bleichen erhalten bleibt. Demgegenüber sind die Trockengarne voluminöser, was vielfach als Vorteil gelten kann. Ihrer nachteilig gewerteten Eigenschaften halber sind die trockengesponnenen Garne nur in beschränktem Maße in der Leinenweberei eingesetzt worden, trotz der günstigeren Voraussetzungen für ihre Herstellung, bei der die Naßbehandlung vor dem Spinnen und die dadurch notwendig werdende Trocknung nach dem Spinnen als Kostenanteile ebenso in Wegfall kommen wie die wenig ansprechende Arbeit im Naßbetrieb.

Bestrebungen, durch Verbesserung der Spinnverfahren die Nachteile trockengesponner Leinengarne auszugleichen oder doch zu mindern, haben im Lauf der Zeit, vor allem aber in den letzten Jahren, zu verschiedenen neuen und interessanten Maschinenkonstruktionen geführt, die einerseits die Ausspinnung im trockenen Zustand zu erhöhen versprechen und andererseits durch hohe Ablieferungsleistungen die wirtschaftlichen Vorteile des Trockenspinnens über das bereits vorhandene Maß hinaus steigern. Eine Erweiterung des Nummernbereiches trockengesponner Leinengarne und eine erhöhte Wirtschaftlichkeit ihrer Fertigung vermögen zwecks Senkung der Preise und Erhöhung der Leistungsfähigkeit der Leinenindustrie gegenüber den mit ihr konkurrierenden anderen Sparten der Textilwirtschaft den Anreiz für den Einsatz dieser Gespinste auch für diejenigen Waren zu verstärken, die bisher allein den Naßgarnen vorbehalten waren.

Praktische Erfahrungswerte über sich hier bietende Möglichkeiten liegen im Inland noch nicht vor. Das TWB-Bastfaser hat deshalb im Einvernehmen mit den Technischen Ausschüssen der Fachverbände Flachsspinnerei und Leinen- und Halbleinen-Weberei die Aufgabe übernommen, in einer Forschungsarbeit durch eingehende und systematische Versuche und Untersuchungen diese Verhältnisse zu überprüfen und einwandfreie Vergleichswerte für den Einsatz naß- und trockengesponnener Garne zu erarbeiten.

Die mit diesem Ziel durchgeführten Versuche und Untersuchungen erstreckten sich sowohl auf die Ausspinnung als auch auf die Verwebung der Vergleichsgespinste. In der Spinnerei wurden aus gleichen Rohstoffmischungen Flachs- und Flachswerggarne nach einigen der aussichtsreichsten Verfahren unter Ausnutzung der sich dabei bietenden Möglichkeiten gesponnen, wobei die Fadenbruchhäufigkeiten unter Berücksichtigung der jeweils angewandten Liefergeschwindigkeit festzuhalten waren. Die hergestellten Garne wurden auf ihre Eigenschaften untersucht, wobei Festigkeit und ihre Streuung, Dehnung und äußeres Aussehen für die Beurteilung maßgebend waren. Die Untersuchungen umfaßten Garne in rohem und gebleichtem Zustand.

Die nach verschiedenen Spinnverfahren hergestellten Garne wurden in der Weberei als Schuß für solche Gebrauchsgewebe herangezogen, die dem Charakter der Trockengarne entsprechend eine vorteilhafte Verwendung dieser Gespinste erwarten ließen. Das Verhalten der Garne in der Spulerei und am Webstuhl wurden erfaßt und die Gewebe nach technologischen Eigenschaften und nach ihrem Aussehen beurteilt. Die Gebrauchstüchtigkeit der gebleichten Gewebe wurde durch eine mehrfache Waschbehandlung mit nachträglicher Prüfung und Bewertung getestet.

2. Spinnverfahren

2.1 Naßspinnen

Das Naßspinnen der Leinen- und Hanfgarne - Jutegarne werden im allgemeinen nicht naßgesponnen - erfolgt auf Flügel- und Ringspinnmaschinen. Der Verzug der vorher beim Durchlaufen eines Heißwasserbades durch Quellen der Begleitstoffe in ihrem Verband gelockerten Elemente der Faserbündel wird dabei auf einem 2-Zylinder-Klemmstreckwerk mit geriffelten Walzenpaaren und einstellbarer Streckfeldweite vorgenommen (s. Abb. 1). Die Drehungserteilung erfolgt bei der Flügelspinnmaschine durch einen auf der aktiven Spindel sitzenden Flügel[1] mit nachgeschleppter und von einer gewichtsbelasteten Schnur abgebremsten Spule. Die üblichen Abliefergeschwindigkeiten für den gesamten Bereich der Leinengarne betragen 8 bis 10 m/min.

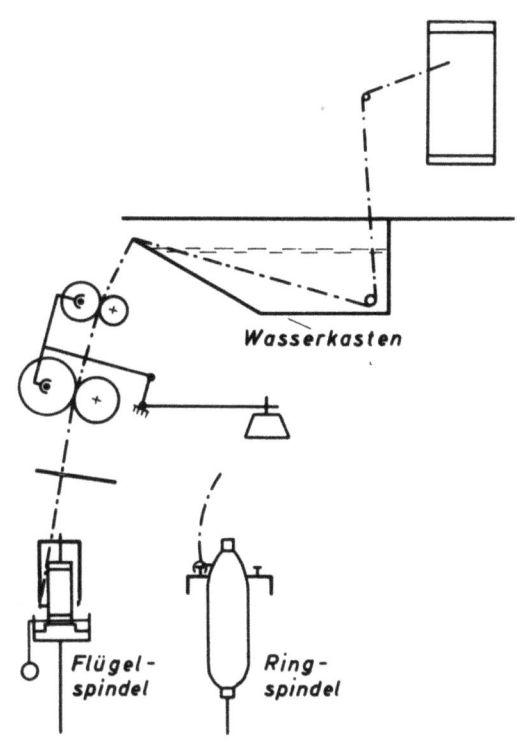

Abbildung 1
Bastfaser-Naßspinnmaschine mit Flügel- und Ringspindel

In neuerer Zeit werden für das Naßspinnen von Flachs- und Flachswerggarnen zur Erhöhung der Wirtschaftlichkeit in immer größerem Ausmaß Ringspinnmaschinen eingesetzt, die mit dem gleichen Streckwerk arbeiten, aber durch die Verwendung der Ringspindel mit HZ- oder Spezialringen höhere Abliefergeschwindigkeiten und wesentlich größere Garnkörper zulassen. Moderne Ringspinnmaschinen erlauben bei gleichen Fadenbruchhäufigkeiten mindestens 1 1/2-fache Abliefergeschwindigkeiten und haben ein gegenüber der Flügelspinnspule doppeltes bzw. mehrfaches Garnnettogewicht des Cops aufzuweisen.

---

1. Für gröbere Garne sind auch Konstruktionen mit Hängeflügel bekannt.

2.2 Trockenspinnen

2.21 Trockenspinnen von Vorgarn

Für die Herstellung der Trockengarne wurden früher ausschließlich Maschinen mit 2-Zylinder-Klemmstreckwerk verwendet (s. Abb. 2). Da eine Mazeration der Elementarfasern durch das Heißwasserbad wie bei der Naßspinnmaschine entfällt, mußten die Streckfeldweiten der Trockenspinnmaschinen der maximalen Länge der Fasern im Vorgarn angepaßt werden. Zur Verbesserung der Faserführung wurde in das verhältnismäßig weite Streckfeld meist ein Leitorgan in Form einer flachgewölbten polierten Platte, Brustplatte genannt, eingeschaltet, die die Fasern aus ihrer direkten Verbindungslinie zwischen den Klemmpunkten der beiden Verzugszylinder leicht auslenkt. Die dadurch entstehende Reibung auf der Platte unterstützte im Zusammenwirken mit der losen Vorgarndrehung die Führung der Fasern. Für die Aufwindung waren bei den alten Trockenspinnmaschinen allgemein schnurgebremste Spinnspulen üblich. Die schweren

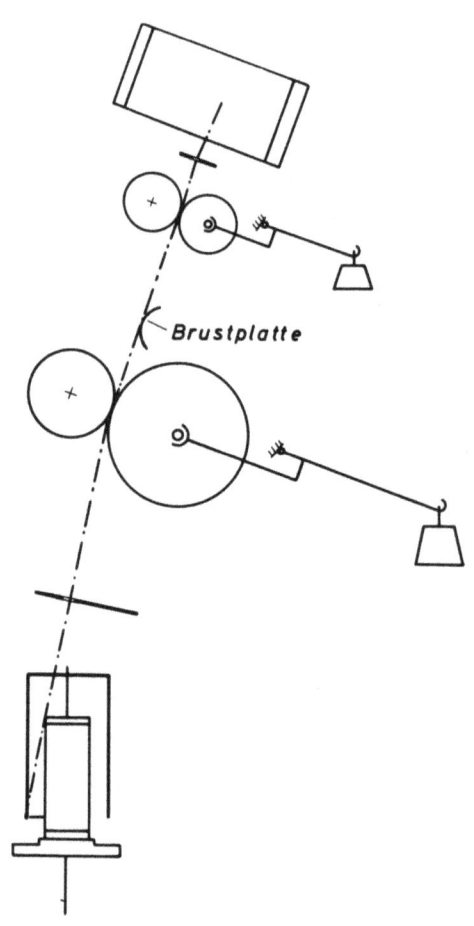

A b b i l d u n g 2
Bastfaser-Trockenspinnmaschine mit Flügelspindel

Flügelspindeln ließen höhere Tourenzahlen infolge auftretender Vibrationserscheinungen nicht zu.

Eine Verbesserung brachte die Einführung der Hängeflügelbauart, bei der stabil ausgebildete Flügel mit zentralen Bohrungen für den Durchgang der Fäden im Gestell der Maschine drehbar eingebaut waren und von der Trommel über Wirtel und Band angetrieben wurden. Die Spulen auf toten Spindeln wurden durch den Fadenzug nachgeschleppt. Für die bereits geschilderte Schnurbremse entwickelte man als weitere Verbesserung eine Scheibenbremse unter dem Spulensitz, deren Bremswirkung automatisch durch das mit Füllung der Spule zunehmende Gewicht reguliert wurde.

Diese Maschinen brachten durch die angesichts des Zustandes der verarbeiteten Fasern als mangelhaft zu bezeichnende Führung der Fasern während des Verzuges unvermeidlich Ungleichmäßigkeiten in das Garn, die nur bei gröberen Nummern in zulässigen Grenzen gehalten werden konnten. Der beherrschte Nummernbereich erstreckte sich dabei für Flachswerggarn bis etwa Ne_L 10 und 12 (170 - 140 tex) und bei Flachsgarn bis etwa Ne_L 14 und 16 (120 und 105 tex). Es wurden Abliefergeschwindigkeiten von 8 bis 10 m/min erzielt.

2.22 Gillspinnen von Band

Die in der Flachsspinnerei bis vor kurzer Zeit am meisten geschätzte und auch für feinere Garnnummern brauchbare Trockenspinnmaschine war die Gillspinnmaschine, die bei Vorlage von Feinstreckenband ohne Drehung die Fasern in einem bewegten, von schraubengeführten Fallerstäben getragenen Nadelfeld verzieht (s. Abb. 3). Dieser ursprünglich für gröbere Flachs- und Flachswerggarne bestimmte, als Rädergillspinnmaschine der normalen Vorspinnmaschine nachgebildete Typ mit begrenzter Spindeldrehzahl und Leistung wurde später als Feingillspinnmaschine mit Hängeflügel und nachgezogener Spule gebaut. Der 2-gängige Schneckenantrieb des nunmehr schrägen Gillfeldes erlaubte eine Erhöhung der Abliefergeschwindigkeit. Die bessere Führung der Fasern im Streckfeld ermöglichte eine Steigerung des anwendbaren Verzuges und dennoch eine Vergleichmäßigung der Garne. Die Feingillspinnmaschine spinnt Flachswerggarne bis etwa Ne_L 16 (105 tex) und Flachsgarne bis etwa Ne_L 20 (84 tex), maximal Ne_L 25 (68 tex), wobei je nach Nummer Abliefergeschwindigkeiten von 10 bis 14 m/min erreicht werden.

Die Verwendung des Hängeflügels schaffte die Voraussetzung für die Einführung selbsttätiger Spulenwechseleinrichtungen, da die starre Verbindung zwischen Flügel und Spindel wegfiel. Der Wechselvorgang erfolgt vollautomatisch und elektrisch gesteuert, wodurch die Zeit für den Spulenwechsel auf ein Mindestmaß herabgesetzt wird, was gegenüber dem Einsatz einer Hilfskolonne für Durchführungen dieser Arbeit von Hand einen bedeutenden wirtschaftlichen Vorteil darstellt.

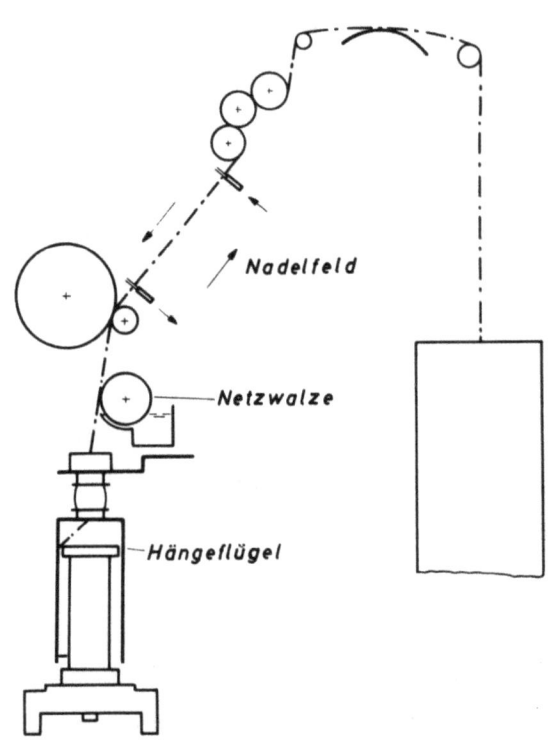

A b b i l d u n g 3
Bastfaser-Gillspinnmaschine mit Haugeflügel

Gillspinnmaschinen sind meist mit einer Netzvorrichtung ausgerüstet, die dazu dient, abstehende Fasern zu befeuchten und an den Garnkörper anzulegen, um dem Garn ein glatteres Aussehen zu geben. Die Vorrichtung, die übrigens bei allen anderen Trockenspinnsystemen angewandt werden kann, besteht aus einer Tauchwalze nebst Flüssigkeitstrog, über die das Garn zwischen Ablieferzylinder und Fadenführungsauge gezogen wird. Je nach Umdrehungsgeschwindigkeit der Walze, ihrer Tauchtiefe und dem Material, mit dem sie bekleidet ist, und je nach der durch Zusätze zu beeinflussenden Netzfähigkeit der Flüssigkeit kann die auf das Garn übertragene Feuchtigkeitsmenge reguliert werden. Dementsprechend wird von halbnaß- und kaltnaßgesponnenen Garnen gesprochen.

2.23 Hochleistungsspinnen von Band

Bei der Gillspinnmaschine ist die Ablieferleistung durch die Zahl der zulässigen Fallerschläge, d.h. durch die Geschwindigkeit des Nadelfeldes bei einem bestimmten Verzug gegeben. Um eine erhöhte Maschinenleistung zu erzielen, wurden statt des Nadelfeldes andere Arten der Faserführung entwickelt bzw. von anderen Sparten übernommen. Unter Beibehaltung der Hängeflügel schaltete man in das Verzugsfeld Führungsorgane ein, deren gleichförmige Bewegung die Höhe der Geschwindigkeit nicht begrenzte. Als derartige Organe wurden elastische Gummibänder als Doppelriemchen oder Breitbandriemen mit Belastungsrollen, rotierende Führungen als glatte, oder geriffelte Walzen ebenfalls mit Druckrollen, oder in Form von lose ineinandergreifend verzahnten Walzenpaaren vorgesehen. Diese Art der Hochleistungsmaschinen, die gegenüber den früheren Trockenspinnmaschinen erhöhte, da "kontrollierte" Verzüge und verglichen mit der Gillspinnmaschine hohe Abliefergeschwindigkeiten gestatten, werden vor allem für das Bandspinnen in der modernen Juteindustrie bevorzugt, in der sich die Gillspinnmaschine nicht hat durchsetzen können. Die durch die relativ geringe Drehung der groben Jutegarne möglichen Ablieferleistungen können infolge der begrenzten Geschwindigkeiten des Nadelfeldes der Gillspinnmaschine nicht ausgenutzt werden.

Demgegenüber sind die erwähnten Faserführungen für das Trockenspinnen von Leinengarn nicht üblich. Hier hat sich eine Hochleistungs-Ringspinnmaschine bewährt, die in der Verzugszone des 2-Zylinder-Klemmstreckwerks mit einem endlos umlaufenden Band ausgestattet ist, auf dem die Fasern von eigenbelasteten Rollen geführt werden (s. Abb. 4). Die Streckfeldweite beträgt für Flachswerggarn 320 und bei langem Stapel 500 mm. Durch Anordnung eines zusätzlichen Einzugszylinders kann sie für das Spinnen von Flaschgarn auf 700 mm erweitert werden. Die günstige Wirkung der Faserführung im Streckwerk erlaubt Verzüge bis 25fach bei Werggarn bzw. 30fach und gelegentlich auch darüber bei Flachsgarn. Die Maschine arbeitet nach dem Ringspinnprinzip[2] mit Abliefergeschwindigkeiten von 20 m/min und darüber in Verbindung mit sehr großen Garnkörpergewichten. Dies bedeutet, daß ein Interesse an einer automatischen Wechselvorrichtung nicht mehr besteht, abgesehen davon, daß der Spulen-

---

2. Bei der für die Spinnversuche eingesetzten Ringspinnmaschine Bauart Spinnbau GmbH., Bremen-Farge, waren die Spindeln nach dem Perfect-System durch Schraubenräder angetrieben. Dieses System hat gegenüber den schnur- und bandgetriebenen Spindeln den Vorteil höherer Drehzahlen und der Einhaltung exakter Garndrehungen.

wechsel von Hand bei einer Ringspinnmaschine einfacher vor sich geht als bei einer Maschine mit Spinnflügel.

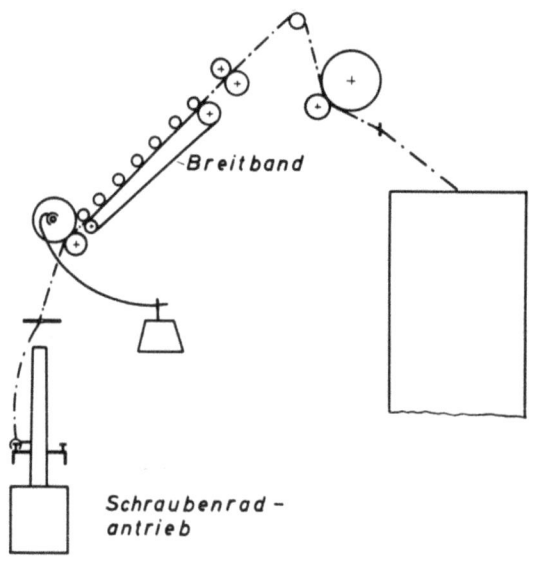

Abbildung 4
Bastfaser-Perfect-Trockenspinnmaschine mit Ringspindel

3. Spinnversuche

3.1 Spinnmaterial und Garnnummer

Entsprechend der gestellten Aufgabe wurden für die Herstellung der Probegewebe Flachs- und Flachswerggarne im gröberen bis mittleren Nummernbereich naß und trocken gesponnen, und zwar:

Flachswerggarn	Ne_L 12	(140 tex)
desgl.	Ne_L 20	(84 tex)
Flachsgarn	Ne_L 20	(84 tex)
desgl.	Ne_L 30	(56 tex)

Wie bereits erwähnt, wurde Wert darauf gelegt, die zu vergleichenden Naß- und Trockengarne aus der gleichen Rohstoffmischung zu erzeugen. Dies wurde dadurch erreicht, daß die Naßgespinste der laufenden Produktion einer Spinnerei entnommen wurden, während die Trockengarne aus den entsprechenden Mischungen vorbereitet und gesponnen wurden.

Das Trockenspinnen wurde für Flachswerggarn Ne_L 12 (140 tex) und Flachsgarn Ne_L 20 (84 tex) auf einer Gillspinnmaschine und auf der im letzten Absatz des Abschnittes 2.23 beschriebenen Perfect-Trockenringspinnmaschine mit Breitbandstreckwerk vorgenommen[3]. Die feineren Garne, nämlich Flachswerggarn Ne_L 20 (84 tex) und Flachsgarn Ne_L 30 (56 tex) wurden nur auf der Perfect-Maschine gesponnen, weil für diese Nummernfeinheit die normalen Gillspinnmaschinen nicht mehr geeignet sind.

Für die verwendeten Flachs- und Flachswerggarnmischungen seien folgende allgemeine Angaben gemacht:

Flachswerggarn Ne_L 12 (140 tex):

50 % Kaufwerg Tauröste, 25 % Langwerg Tauröste,
25 % gekämmtes Hechelwerg Wasserröste.

Flachswerggarn Ne_L 20 (84 tex):

50 % gekämmtes Hechelwerg Wasserröste, 25 % Hechelwerg Tauröste, 25 % Langwerg Tauröste.

Flachsgarn Ne_L 20 (84 tex):

wurde aus der gleichen Mischung wie Flachsgarn Ne_L 30 (56 tex) gesponnen, da eine qualitativ niedrigere Materialzusammensetzung für das gröbere Garn zum Zeitpunkt der Versuche nicht zur Verfügung stand.

Flachsgarn Ne_L 30 (56 tex):

42 % holl. Wasserröste, 33 % belg. Wasserröste,
25 % russ. Tauröste.

Bei der Auswahl der Rohstoffmischungen ist in keinem Fall auf die beabsichtigte Trockenverspinnung Rücksicht genommen worden. Sie wurde
- wie schon erwähnt - jeweils den Bedürfnissen der Naßspinnerei entsprechend gewählt.

3.2 Spinnmaschinen

In den nachstehenden Tabellen 1 und 2 sind die technischen Einzelheiten der für die Versuche eingesetzten Maschinen enthalten, soweit sie für die Beurteilung der Spinnverfahren, festgestellten Fadenbruchhäufigkeiten und der Maschinenleistungen erforderlich sind.

---

3. Im weiteren Text dieses Berichtes soll diese Maschine der Kürze halber mit Perfect-Spinnmaschine bezeichnet werden.

Dem nächsten Abschnitt, der die Spinnpläne bei der Herstellung der Versuchs- und Vergleichsgarne schildert, sei vorweggenommen, daß die Trockengespinste bekanntlich stärker zu drehen sind als die naßgesponnenen Garne. Folgende Relation der Drehungsbeiwerte sei als charakteristisch herangezogen:

<u>Naßgespinste:</u>
Flachswerggarn $\alpha \ m = 100$
Flachsgarn $\alpha \ m = 90$

<u>Trockengespinste:</u>
Flachswerggarn $\alpha \ m = 110$
Flachsgarn $\alpha \ m = 100$

Ohne sich auf die Richtigkeit der Absolutwerte festzulegen, denn die Ansichten über die zweckmäßige Drehung trockengesponnener Garne gehen teilweise auseinander, seien die in den nachstehenden Tabellen genannten Abliefergeschwindigkeiten der einzelnen Maschinen auf die genannten Drehungswerte umgerechnet, die natürlicherweise bei dem Probespinnen nicht exakt und vor allem nicht in allen Fällen gleich eingehalten werden konnten. Die in Klammern hinter den tatsächlich erfaßten Zahlen eingetragenen Werte sind durch diese Umrechnung erhalten. Dementsprechend korrigieren sich die Laufzeiten je Abzug auf die ebenfalls in Klammern in dieser Zeile genannten Zeiträume.

An die Daten der Naßspinnmaschinen sind einige kritische Bemerkungen zu knüpfen. Bei der Auswahl der Typen war Rücksicht auf die betrieblichen Verhältnisse zu nehmen. So waren die Spindelteilungen der Maschinen für die Garnnummern Ne_L 12 (140 tex) und Ne_L 20 (84 tex), gemessen an der Garnfeinheit zu klein. Sie hätten in Anpassung an normale Verhältnisse größer gewählt werden können, wodurch der Garninhalt der Spule und auch die Laufzeit eines Abzuges um 25 bis 50 % zu erhöhen gewesen wäre.

Richtiger ist es, für die Leistungen der Naßspinnmaschinen die modernen Ringspinntypen heranzuziehen. Es wurde bereits gesagt, daß die Ringspinnmaschinen mit etwa 1 1/2-facher Abliefergeschwindigkeit der Flügelspinnmaschinen zu betreiben sind, wodurch sich für die naßgesponnenen Garne in unserem Vergleichsfall Ablieferungsgeschwindigkeiten von 13,5 bis 15 m/min ergeben. Die wesentlich größeren Garnnettogewichte der Ringspinncopse können für Ne_L 12 (140 tex) mit 195, für Ne_L 20 (84 tex)

Tabelle 1

Maschinendaten Werggarne

Werggarne	Naßspinnmaschine		Gillspinnmaschine	Perfect-Spinnmaschine	
System:	Flügel		Hängeflügel	Ring	
2-Zyl.Streckwerk:	ohne Führung		mit Nadelfeld	mit Breitband	
	Ne_L 12 (140 tex)	Ne_L 20 (84 tex)	Ne_L 12 (140 tex)	Ne_L 12 (140 tex)	Ne_L 20 (84 tex)
Streckfeldweite : Zoll	$2\frac{7}{8}$	$2\frac{5}{8}$	26		
mm	73	66,5	660	360	360
Spindelteilung : Zoll	$2\frac{3}{4}$	$2\frac{1}{2}$	$3\frac{1}{2}$		
mm	70	63,5	89	100	100
Verzug :	6,3	6,75	8,4	16,4	19,3
Spindeldrehzahl : U/min	2380	3410	3480	5080	7650
Ablieferung : m/min	9,2(8,8)	10,5(9,9)	11,5(11,8)	16,2(17,1)	18,0(19,6)
Spuleninhalt : g	69	45	165	280	280
m	490	535	1180	2000	3340
Laufzeit je Abzug : min	53(56)	51(54)	103(100)	123(117)	186(170)

Tabelle 2

Maschinendaten
Flachsgarne

Flachsgarne	Naßspinnmaschine		Gillspinn-maschine	Perfect-Spinnmaschine	
	Ne_L 20 (84 tex)	Ne_L 30 (56 tex)	Ne_L 20 (84 tex)	Ne_L 20 (84 tex)	Ne_L 30 (56 tex)
System	Hängeflügel		Flügel	Ring	
2-Zyl.Streckwerk:	mit Nadelfeld		ohne Führung	mit Breitband	
Streckfeldweite : Zoll	$2\frac{5}{8}$	$2\frac{5}{8}$	26		
mm	66,5	66,5	660	700	700
Spindelteilung :	$2\frac{1}{2}$	$2\frac{1}{2}$	$3\frac{1}{2}$		
mm	63,5	63,5	89	100	100
Verzug	7,1	7,3	10,3	23,5	18,6*)
Spindeldrehzahl : U/min	3570	3910	3580	7300	7600
Ablieferung : m/min	10,2(11,0)	9,0(10,2)	10,0(10,3)	20,0(21,0)	17,0(17,9)
Spuleninhalt : g	45	50	170	280	280
m	535	890	2025	3340	5000
Laufzeit je Abzug : min	53(49)	99(87)	203(197)	167(159)	294(280)

*) Der verhältnismäßig niedrige Verzug war durch das Gewicht des Vorlagebandes bestimmt, aus dem auch die höhere Garnnummer Ne_L 35 (48 tex) mit 21,6-fachem Verzug gesponnen werden sollte.

mit 145 und für Ne_L 30 (56 tex) mit 85 g je Cop angenommen werden[4]. Bei einer mittleren Abliefergeschwindigkeit von 14 m/min errechnen sich die Laufzeiten je Abzug mit 199, 124 und 108 min für die naßringgesponnenen Leinengarne der Nummern Ne_L 12 und 20 bzw. Ne_L 20 und 30.

Für die Herstellung der Gillgarne Ne_L 12 (140 tex) Werg und Ne_L 20 (84 tex) Flachs war eine Gillspinnmaschine mit 89 mm (3 1/2") Teilung verfügbar. Es wäre gegebenenfalls möglich gewesen, auch das feinere Werggarn Ne_L 20 (84 tex) noch auf einer Gillspinnmaschine zu spinnen, doch wäre sie hierfür mit entsprechend feinerer Benadelung und Teilung erforderlich gewesen, wie sie nur in Ausnahmefällen gebaut wird. Verglichen mit den gegebenen Möglichkeiten erscheint die im Betrieb angewandte Spindeldrehzahl der Maschine niedrig. Rechnet man mit Spindeldrehzahlen von 3800 für die gröbere und 4000 für die feinere Nummer, wie sie von neuzeitlichen Maschinen verlangt werden können, so erhöhen sich die Abliefergeschwindigkeiten auf 12,9 bzw. 11,5 m/min. Die Laufzeit eines Abzuges würde allerdings dann auf 92 bzw. 176 min zurückgehen.

Für das Spinnen mit Breitbandstreckwerk und Ringspindel wurden Perfect-Maschinen verwendet, die mit einer Spindelteilung von 100 mm, entsprechenden Streckfeldweiten und unter Einsatz der für das jeweilige Garn geeigneten Läufernummer für das Spinnen aller Versuchsgarne von der gröbsten bis zur feinsten Nummer verwendet werden konnten. Dieser weite Nummernbereich für eine Maschine ist beachtlich und als Vorteil dieser modernen Maschinenkonstruktion zu bezeichnen, wie auch schon beim Naßspinnen die Ringspinnmaschine in bezug auf die Wahl der Spindelteilung für Garne unterschiedlicher Nummern weit weniger empfindlich ist als die Flügelspinnmaschine. Von den Versuchsgarnen wurde Ne_L 12 (140 tex) Werg auf einer Betriebsmaschine gesponnen. Für die Garne Ne_L 20 (84 tex) Werg sowie Ne_L 20 (84 tex) und Ne_L 30 (56 tex) Flachs kam eine kurze Versuchsspinnmaschine in Anwendung. Es handelte sich dabei leider um ein älteres Modell, bei dem gegenüber der derzeitigen modernen Konstruktion ein vergrößerter Abstand zwischen Ablieferzylinder und Fadenführungsauge vorhanden war. Dadurch war der Faden gegenüber den vom Ballon herrührenden Schwingungen stärker beansprucht, wodurch zweifellos eine Verschlechterung der Fadenbruchhäufigkeit herbeigeführt wurde.

---

4. In Anlehnung an gebräuchliche Teilungen der Ringspinnmaschinen Bauart Mackie (4, 3 1/2 und 3").

Vergleicht man alle in den Tabellen 1 und 2 eingetragenen und in der
Besprechung teilweise korrigierten Zahlen, so ist leistungsmäßig festzustellen, daß gegenüber den Ablieferleistungen der Naßringspinnmaschinen
von den Trockenspinnmaschinen lediglich die Perfect-Maschine, diese
allerdings einen starken Anreiz bietet. Dasselbe ist auch vom Garninhalt
der Perfect-Cops im Vergleich zu denen der Naßringspinnmaschine zu sagen, wobei allerdings auf die größere Teilung der erstgenannten Bauart
hingewiesen werden muß. Beachtenswert sind ferner die nach den bisherigen Vorstellungen außerordentlich hohen Verzüge der Perfect-Trockenspinnmaschine, die ein mehrfaches derjenigen betragen, die mit dem
2-Zylinder-Klemmstreckwerk in der Naßspinnerei erreicht werden. Dies bedeutet ein Spinnen unter Vorlage relativ schwerer Bänder und damit eine
Entlastung des Vorwerks, auch verglichen mit den durch die Gillspinnmaschine gegebenen Möglichkeiten.

3.3 Spinnpläne

Nach einigen bereits im vorausgegangenen Abschnitt gemachten Vorbemerkungen seien noch die für die Versuchs- und Vergleichsgarne angewandten
Spinnpläne im einzelnen angegeben.

Die Ansatzbildung für die Flachswerggarne erfolgte in allen Fällen am
Einlauf der ersten Strecke aus Bändern der Karde bzw. der Kämmaschine.
Die Bänder für die Flachsgarne wurden auf automatischen Anlegemaschinen
gefertigt, auf einer Mischstrecke im angegebenen Verhältnis vereinigt
und ebenfalls am Einlauf der ersten Strecke zu einem Ansatz zusammengestellt. Bei der Vorgarn- bzw. Spinnbändchenherstellung wurde von dem
Grundsatz ausgegangen, daß für alle Spinnverfahren die gleiche Dopplungszahl beibehalten und daß das unterschiedliche Vorlagegewicht durch Änderung der Verzüge erreicht werden sollte. Tabelle 3 und 4 geben eine
Übersicht über die Einstellung der Systeme[5].

Der Wegfall der Vorspinnmaschine bei den vom Band gesponnenen Trockengarnen und bei diesen wieder der Unterschied der je nach Verfahren anwendbaren Verzüge verursachen naturgemäß sehr starke Schwankungen im
Gewicht der von der Feinstrecke abgelieferten Bänder. So sind die für
das Trockenspinnen bestimmten Bänder durchweg schwächer als das Band
für die Naßspinnerei, das noch einen Verzug auf der Vorspinnmaschine

---

5. In den Spinnplänen sind die unvollständigen Verzüge nicht berücksichtigt. Ihr Ausgleich erfolgte durch entsprechende Regulierung der
Verzüge auf der jeweils letzten Strecke.

Tabelle 3

Spinnpläne

Ansatz: 4 Kannen à 12 kg je 1000 m	Werggarn Ne$_L$ 12 (140 tex)			Vorsp. Masch.	Feinsp. Masch.
	Strecken				
	1	2	3		
Naßspinnen:					
Verzug	4,0	4,0	3,9	7,0	6,3
Dopplung	4	4	2		
Ablieferbandgew. g/1000 m	12000	12000	6160	880	140
Gillspinnen:					
Verzug	6,0	7,0	7,8		8,4
Dopplung	4	4	2		
Ablieferbandgew. g/1000 m	8000	4560	1180		140
Breitbandspinnen:					
Verzug	4,0	5,4	6,2		16,4
Dopplung	4	4	2		
Ablieferbandgew. g/1000 m	12000	9600	2300		140
Ansatz: 4 Kannen à 12 kg je 1000 m	Werggarn Ne$_L$ 20 (84 tex)			Vorsp. Masch.	Feinsp. Masch.
	Strecken				
	1	2	3		
Naßspinnen:					
Verzug	6,0	6,0	7,5	7,5	6,75
Dopplung	4	4	4		
Ablieferbandgew. g/1000 m	8000	5420	2860	568	84
Breitbandspinnen:					
Verzug	7,5	7,5	7,5		19,3
Dopplung	4	4	4		
Ablieferbandgew. g/1000 m	6400	3420	1820		84

Tabelle 4

Spinnpläne

Flachsgarn Ne_L 20 (84 tex)

Ansatz: 6 Kannen à 20 kg je 1000 m	Strecken				Vorsp. Masch.	Feinsp. Masch.
	1	2	3	4		
Naßspinnen:						
Verzug	7,0	7,0	7,0	7,0	8,0	7,1
Dopplung	6	6	4	4		
Ablieferbandgew. g/1000 m	17100	14650	8280	4760	596	84
Gillspinnen:						
Verzug	10,0	11,0	11,0	11,0		10,3
Dopplung	6	6	4	4		
Ablieferbandgew. g/1000 m	12000	6450	2280	865		84
Breitbandspinnen:						
Verzug	8	8	9	10,2		23,5
Dopplung	6	6	4	4		
Ablieferbandgew. g/1000 m	15000	11250	5000	1970		84

Flachsgarn Ne_L 30 (56 tex)

Ansatz: 8 Kannen à 15 kg je 1000 m	Strecken				Vorsp. Masch.	Feinsp. Masch.
	1	2	3	4		
Naßspinnen:						
Verzug	8	9	9	9,8	11,6	7,4
Dopplung	8	8	8	4		
Ablieferbandgew. g/1000 m	15000	13320	11860	4820	415	56
Breitbandspinnen:						
Verzug	12,0	13,0	13,5	14,0		18,6*)
Dopplung	8	8	8	4		
Ablieferbandgew. g/1000 m	10000	6150	3640	1040		56

*) Der verhältnismäßig niedrige Verzug war durch das Gewicht des Vorlagebandes bestimmt, aus dem auch die höhere Garnnummer Ne_L 35 (48 tex) mit 21,6-fachem Verzug gesponnen werden sollte.

zu erwarten hat. Unter den Vorlagebändern für die Trockenspinnmaschinen
ist wiederum das der Gillspinnmaschine das schwächere, da dort niedrigere Verzüge als auf der Perfect-Spinnmaschine angewandt werden müssen.
Daraus ergeben sich zwischen den Bändern für die Gillspinnmaschine und
den für einen weiteren Verzug auf der Vorspinnmaschine bestimmten Bändern Gewichtsunterschiede von mehr als 1 : 5. Die Folge der unterschiedlichen Bandgewichte bei nur einer für die Versuche zur Verfügung stehenden Feinstrecke war eine entsprechende, unterschiedliche, spezifische
Belastung der Verzugskonduktoren zu ungunsten der trockengesponnenen
Garne, die als Endbänder eher eine stärkere Verdichtung durch eine höhere Konduktorenbelastung hätten erhalten müssen als das zum Einlauf in
die Vorspinnmaschine bestimmte Streckenband der Naßspinnerei. Hierin
ist eine Benachteiligung der trockengesponnenen Versuchsgarne zu erblicken, die sich sowohl spinntechnisch als auch qualitativ ausgewirkt
haben kann. Dies ist einer der Gründe, weshalb die erhaltenen Trockengarne in Laufeigenschaften und Qualität eher an einer unteren Grenze
liegen und im praktischen Betrieb auf alle Fälle verbessert werden können.

4. Ergebnisse der Spinnversuche

4.1 Spinnleistung

In Tabelle 5 sind die während des Spinnens erfaßten Fadenbruchhäufigkeiten unter nochmaliger Nennung der Abliefergeschwindigkeit eingetragen. Die Beobachtung der Fadenbrüche erstreckte sich bei allen Spinnverfahren auf rd. 300 000 m gesponnenes Garn. Die Fadenbruchhäufigkeiten wurden sowohl je 100 Spdl.-Std. als auch je 1000 m errechnet, wobei
der letztgenannten Zahl der Vorzug zu geben ist, weil die an den verschiedenen Maschinen erreichten Abliefergeschwindigkeiten teilweise
stark voneinander abweichen.

Vergleicht man die Fadenbruchhäufigkeit je Längeneinheit gesponnenen
Garns, so ist nach den Zahlen der Tabelle 5 festzustellen, daß die niedrigsten Werte bei der Gillspinnmaschine mit 11 Fadenbrüchen/100 Spdl.-
Std. oder mit 0,16 Fadenbrüchen/1000 m bzw. mit 10,0 Brüchen/100 Spdl.-
Std. oder 0,19 Brüchen/1000 m zu finden sind. Zwischen den, verglichen
mit der Gillspinnmaschine höheren Fadenbruchhäufigkeiten auf der Perfect-Maschine und auf der Naßspinnmaschine, die im Mittel 0,30 bzw.
0,32 je 1000 m betrugen, finden sich auf die Längeneinheit bezogen nur
kleine Differenzen, die meist zugunsten der Trockenspinnmaschine ausfallen. Allerdings ist dabei zu bedenken, daß die Fadenbrüche bei der

T a b e l l e 5

Fadenbruchhäufigkeiten

	Flachswerggarn Ne_L 12 (140 tex)			Flachswerggarn Ne_L 20 (84 tex)		
		Fadenbrüche			Fadenbrüche	
	Abl. [m/min]	je 100 Spdl.-Std.	je 1000 [m]	Abl. [m/min]	je 100 Spdl.-Std.	je 1000 [m]
Naßspinnmaschine	9,2	26	0,48	10,5	18	0,28
Gillspinnmaschine	11,5	11	0,16			
Perfect-Spinnmaschine	16,2	42	0,43	18,0	31	0,26
	Flachsgarn Ne_L 20 (84 tex)			Flachsgarn Ne_L 30 (56 tex)		
		Fadenbrüche			Fadenbrüche	
	Abl. [m/min]	je 100 Spdl.-Std.	je 1000 [m]	Abl. [m/min]	je 100 Spdl.-Std.	je 1000 [m]
Naßspinnmaschine	10,2	13	0,23	9,0	14	0,26
Gillspinnmaschine	10,0	11	0,19			
Perfect-Spinnmaschine	20,0	25	0,21	17,9	31	0,30

schnellaufenden Perfect-Maschine entsprechend häufiger auftreten, so daß die Zahlen je 100 Spdl.-Std. teilweise erheblich höher sind und im Mittel 32 gegen 18 bei der Naßspinnmaschine betragen.

Aus dem Vorgarn bzw. dem Spinnband für Ne_L 30 (56 tex) wurde auf der Flügelspinnmaschine und auf der Perfect-Maschine auch Ne_L 35 (48 tex) gesponnen, wobei die Verzüge 8,4 bzw. 21,8, die Ablieferungen 8,2 bzw. 15 m/min betrugen. Hier fiel die Fadenbruchhäufigkeit mit 14 Fdbr./100 Spdl.-Std. auch bezogen auf die Längeneinheit mit 0,285 Fdbr./1000 m eindeutig zugunsten des Naßspinnens aus, da auf der Trockenspinnmaschine 60 Fdbr./100 Spdl.-Std. bzw. 0,666 Fdbr./1000 m gezählt wurden. Dieses Ergebnis deutet darauf hin, daß die Grenze der Ausspinnbarkeit der verwendeten Fasermischungen nach dem Trockenspinnverfahren bei Ne_L 35 (48 tex) bereits überschritten war.

Sowohl aus den Zahlen der Tabelle 5 als auch noch deutlicher aus der graphischen Darstellung in Abbildung 5 - untere Säulenreihe - geht die deutliche Überlegenheit des Trockenspinnens, vor allem auf der Perfect-Maschine in bezug auf die Abliefergeschwindigkeit und demnach die Spinnleistung gegenüber dem Naßspinnen hervor. Auch wenn die Abliefergeschwindigkeit einer modernen Ringspinnmaschine in Rechnung gestellt wird, die, wie wir schon sagten, für unseren Vergleichsfall mit etwa 14 m/min angenommen werden kann, so bleibt dieser Vorteil der Perfect-Maschine bestehen, während die Gillspinnmaschine diesbezüglich an Interesse verliert, selbst wenn, wie dies auf Seite 17 erläutert wurde, eine gewisse Erhöhung der Spindelgeschwindigkeit bei der zum Einsatz gekommenen Gillspinnmaschine als möglich angenommen wird. Es muß allerdings an dieser Stelle nochmals die größere Teilung der Perfect-Maschine erwähnt werden, auch wenn sie gegenüber der Naßringspinnmaschine weniger ins Gewicht fällt als im Vergleich mit den alten Flügelspinnmaschinen. Im Durchschnitt aller Versuche gesehen, wurden auf der Perfect-Maschine 18 m/min Ablieferung gegen 14 m/min der als möglich bezeichneten Ablieferung der Naßringspinnmaschine erreicht, während wiederum im Mittel für die Gillspinnmaschine gemäß der Korrektur auf Seite 17 12 m Ablieferung anzugeben sind. Eine weitere Charakteristik für das wirtschaftliche Spinnen sind die in Tabelle 1 und 2 enthaltenen und in Abschnitt 3.2 teilweise näher erläuterten bzw. korrigierten Garnnettogewichte der Spulen bzw. Cops. Nimmt man auch für das Naßspinnen wiederum die Ringspindel als Vergleichsmaßstab an, so sind doch die höchsten Werte mit rd. 280 g bei der Perfect-Maschine[6] gegenüber 170 g bei der Gillspinnmaschine und im Mittel 140 g bei der Naßringspinnmaschine zu finden.

---

6. siehe Seite 24

4.2 Garnprüfung

Die Tabellen 6 und 7 enthalten als Ergebnis der apparativen Garnprüfung die charakteristischen Größen: Bruchlast P[7] in g, ihren Variationskoeffizienten in % und Bruchdehnung d in % der versuchsweise gesponnenen Trockengarne und der zum Vergleich herangezogenen Naßgespinste gleicher Nummer und aus gleicher Fasermischung, sämtlich roh und nach der Bleiche. Dem Ziel der Untersuchung entsprechend interessieren die Werte in erster Linie im gegenseitigen Vergleich der trocken- und naßgesponnenen Garne. Bei der Beurteilung der absoluten Zahlen ist zu berücksichtigen, daß bei den Trockenspinnversuchen, die - wie beschrieben - im praktischen Betrieb vorgenommen worden sind, in einem gewissen Maße Unvollkommenheiten in Kauf genommen werden mußten[8].

Betrachten wir zunächst die Zahlen für die Rohgarne in Tabelle 6, so ist festzustellen, daß die naßgesponnenen Probegarne nach der für Naßgespinste üblichen Beurteilung als hochwertig einzustufen sind. Ihre aus der - in der Tabelle nicht enthaltenen - Istnummer und den ermittelten Bruchlasten sich ergebenden Reißlängen betragen 20,7 bzw. 18,5 km für die Flachswerggarne und 24,7 bzw. 24,3 km für die Flachsgarne. Nach den errechneten Variationskoeffizienten der Bruchlast sind die Werggarne als gleichmäßig, die Flachsgarne teilweise als sehr gut zu beurteilen. Die Bruchdehnungen, sämtlich über 2 %, sind als gut zu bezeichnen.

Das gemeinsame Kennzeichen der trockengesponnenen Garne ist ihre niedrigere Festigkeit und deren höhere Streuung. Die Verringerung der Festigkeit ist teilweise sehr erheblich. Sie liegt bei dem gröberen Flachswerggarn Ne_L 12 (140 tex) um 20 %, bei Flachswerggarn Ne_L 20 (84 tex) sogar um 30 %, bei dem gröberen Flachsgarn Ne_L 20 (84 tex) um 6 % und bei Flachsgarn Ne_L 30 (56 tex) um rd. 20 %[9]. Offensichtlich nimmt der

---

6. Ein neues Modell der Perfect-Trockenringspinnmaschine wird mit größerer Spindelteilung gebaut, und durch eine zusätzliche Bewegung der Ringschiene können Garnkörper bis zu 400 mm Länge auf Ringen mit 160 mm Durchmesser hergestellt werden, deren Fassungsvermögen etwa 1000 g beträgt.
7. Die Bruchlastzahlen der vergleichbaren, in einer Zeile aufgeführten Garne sind auf eine gemeinsame - mittlere - Nummer umgerechnet.
8. Das gleiche gilt für die Bleichbehandlung, die mangels großer Partien trockengesponnener Garne ohne wünschenswerte Anpassung an die Art dieser Garne durchgeführt werden mußte. Daraus erklären sich die teilweise als hoch anzusprechenden Bleichverluste.
9. Alle Prozentangaben beziehen sich auf die Zahlen der naßgesponnenen Vergleichsgarne.

Tabelle 6

Ergebnis der Garnprüfung
Garne roh

	Flachswerggarn Ne_L 12 (140 tex)			Flachswerggarn Ne_L 20 (84 tex)		
	P [g]	v [%]	d [%]	P [g]	v [%]	d [%]
Naßspinnmaschine	2695	17,9	2,27	1510	21,2	2,29
Gillspinnmaschine	2125	22,3	3,13			
Perfect-Spinnmaschine	2215	19,9	3,12	1045	26,0	2,37
	Flachsgarn Ne_L 20 (84 tex)			Flachsgarn Ne_L 30 (56 tex)		
	P [g]	v [%]	d [%]	P [g]	v [%]	d [%]
Naßspinnmaschine	2165	13,8	2,85	1395	17,8	2,52
Gillspinnmaschine	2055	25,0	2,63			
Perfect-Spinnmaschine	2020	23,3	2,53	1140	32,9	2,30

Unterschied in der Festigkeit zwischen den trocken- und naßgesponnenen
Garnen mit dem Grad der Ausspinnung zu.

Das gleiche ist für die im Vergleich zu den Naßgespinsten höheren Variationskoeffizienten der Bruchlast bei trockengesponnenen Garnen zu
sagen. Hier sind teilweise so hohe Zunahmen festzustellen, daß zunächst
Zweifel an der praktischen Verwertbarkeit derart ungleichmäßiger Garne
aufkommen müssen. Diese Verschlechterung des Variationskoeffizienten
liegt bei den Flachswerggarnen in den Grenzen von 10 bis 25 %, bei den
Flachsgarnen zwischen 70 und 85 %.

Verringerung der Festigkeit und Erhöhung der Garnungleichmäßigkeit gehen
zurück auf die durch das Fehlen der Mazeration im Spinnbad geringere
Aufteilung der Fasern beim Verzug und die dadurch verringerte Zahl der
selbständig tragenden Fasern im Querschnitt des trockengesponnenen Garns.

Unterschiedlich fällt der Vergleich der Bruchdehnungen aus. Bei den
Flachswerggarnen ist eine Zunahme festzustellen, die bei dem gröberen
Garn mit über 30 % sehr bedeutend ist, während sie beim feineren Garn
mit unter 5 % weniger auffallend in Erscheinung tritt. Umgekehrt verschlechterte sich die Bruchdehnung beim Trockenspinnen der Flachsgarne
und zwar in beiden Fällen in der Größenordnung von 10 %.

Die für Festigkeit und Dehnung der gebleichten Garne charakteristischen
Daten sind Tabelle 7 zu entnehmen. Die Relation zwischen trocken- und
naßgesponnenen Garnen bleibt im wesentlichen die gleiche, doch verkleinert sich die Größenordnung der Unterschiede im allgemeinen erheblich.
Die Festigkeitsdifferenzen gehen bei den Flachswerggarnen auf 15 bis
20 %, bei den Flachsgarnen auf 10 % zurück.

Die Erhöhung des Variationskoeffizienten der Bruchlast ist bei den Werggarnen nur noch unter 10 % festzustellen, bleibt aber bei den Flachsgarnen in Größenordnungen zwischen 40 und 80 % immer noch sehr erheblich.

Auch bei den Bleichgarnen ist die Dehnung der trockengesponnenen Werggarne höher, beim gröberen Garn mit über 10 % deutlich, während bei dem
feineren Garn die Erhöhung nur unbedeutend in Erscheinung tritt. Die
Verringerung der Dehnung bei den Trockenflachsgarnen bleibt in der Größenordnung von 10 bis 20 % bestehen.

Der Vergleich der Festigkeits- und Dehnungseigenschaften für die beiden
nach zwei verschiedenen Arten trockengesponnenen Garne Flachswerg
Ne_L 12 (140 tex) und Flachs Ne_L 20 (84 tex) läßt in ersterem Falle

T a b e l l e 7

Ergebnis der Garnprüfung
Garne gebleicht

	Flachswerggarn Ne_L 12 (140 tex)			Flachswerggarn Ne_L 20 (84 tex)		
	P [g]	V [%]	d [%]	P [g]	V [%]	d [%]
Naßspinnmaschine	1795	19,3	2,36	1205	21,3	2,24
Gillspinnmaschine	1510	21,3	2,68			
Perfect-Spinnmaschine	1530	20,0	2,64	955	21,2	2,26
	Flachsgarn Ne_L 20 (84 tex)			Flachsgarn Ne_L 30 (56 tex)		
	P [g]	V [%]	d [%]	P [g]	V [%]	d [%]
Naßspinnmaschine	1490	15,0	2,81	1155	19,3	2,44
Gillspinnmaschine	1360	23,3	2,47			
Perfect-Spinnmaschine	1315	27,1	2,16	1060	27,2	2,20

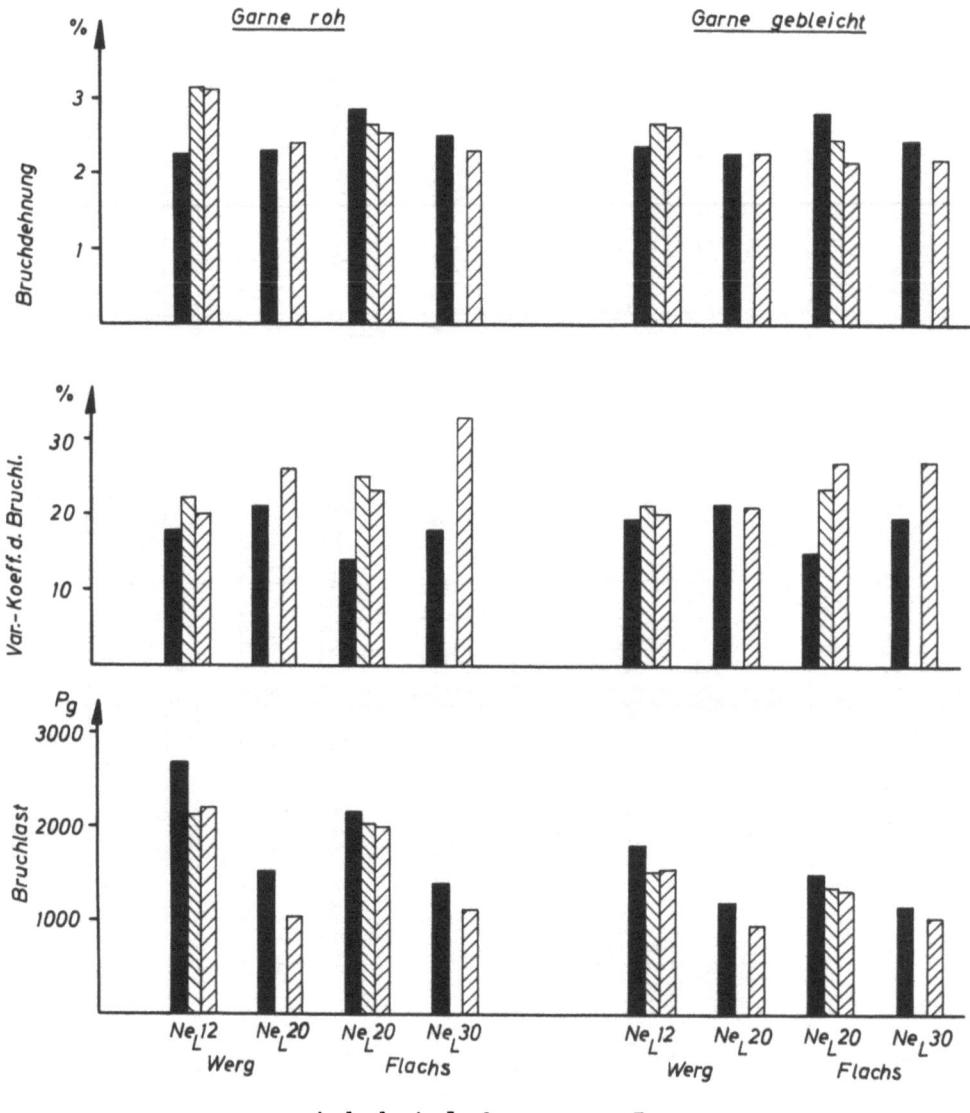

Abbildung 5
Festigkeit und Dehnung naß- und trockengesponnener Garne

markante Unterschiede nicht erkennen. Demgegenüber ist das auf der Gillspinnmaschine gefertigte Flachsgarn in Festigkeit, Ungleichmäßigkeit und Dehnung dem auf der Perfect-Maschine gesponnenen überlegen. Insbesondere Variationskoeffizient und Bruchdehnung des gillgesponnenen Garns weisen im günstigen Sinn bemerkenswerte Differenzen gegenüber dem Perfectgarn auf.

In Abbildung 5 sind der Anschaulichkeit halber die behandelten technologischen Werte der Garne als Säulen graphisch aufgetragen.

Das visuell auf schwarzen Karten bewertete äußere Bild der Garne fiel in jedem Fall zu ungunsten der trockengesponnenen Garne aus, die gegenüber den vergleichbaren Naßgespinsten ungleichmäßiger, noppiger und haarig sind. Die letztgenannte Erscheinung wird allerdings durch die Bleiche gemildert. Die Abbildungen 6 bis 9 zeigen Ausschnitte aus fotographischen Aufnahmen der schwarzen Karten.

Der schlechtere Ausfall der äußeren Gleichmäßigkeit bei trockengesponnenen Garnen ist ganz natürlich zurückzuführen auf die geringere Aufteilung der Fasern beim Verzug und die Drehungserteilung im trockenen Zustand, bei der die bekannte Tatsache in Erscheinung tritt, daß die gröberen Fasern nach der Peripherie des Fadens streben und dem Einspinnen mehr Widerstand entgegensetzten als die beim Naßspinnen erweichten und stärker aufgeteilten Fasern. Das rauhe Aussehen der Trockengespinste kann auch nicht ganz behoben werden, wenn der Faden während der Drehungseintragung über Netzwalzen befeuchtet wird, wie dies bei den Gillspinnmaschinen geschieht.

4.3 Zusammenfassung der Spinnergebnisse

Zusammenfassend betrachtet können also für die in die Versuche einbezogenen Maschinen folgende Vor- und Nachteile angeführt werden:

Die modernen Naßringspinnmaschinen erzeugen bei einer gegenüber den Flügelspinnmaschinen beachtlich gesteigerten Leistung ein hochwertiges, dem Trockengespinst in seinen äußeren und inneren Eigenschaften überlegenes, glattes Leinengarn mit guter Rohstoffausnützung.

Das Trockenspinnen bringt als ausschlaggebenden Vorteil den Wegfall der Vorspinnmaschine und das Spinnen vom Band. Er wirkt sich in den Anlagekosten sowie in den Bedienungskosten aus. In der Feinspinnerei entfällt die Naßbehandlung des Garns vor dem Verzug und damit auch das Trocknen der naßgesponnenen Garne, was weiterhin eine sehr nennenswerte Reduktion der Anlage- und Betriebskosten und zusätzliche Personalersparnis bedeutet.

Von den verglichenen Trockenspinnmaschinen hat die Ringspinnmaschine mit Breitbandstreckwerk gegenüber der Gillspinnmaschine mit Nadelfeld und Hängeflügel die Vorteile geringerer Anschaffungskosten und einer wesentlich höheren Leistung. Das Breitbandstreckwerk gestattet außerdem

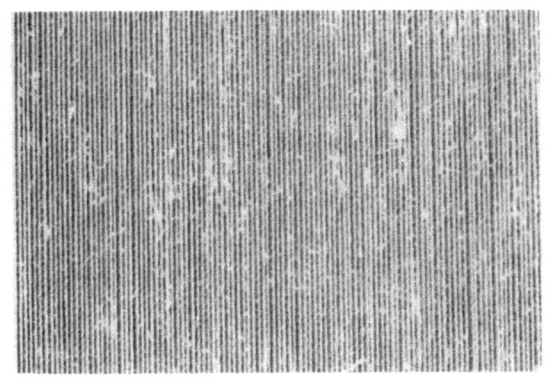

roh   Naßgespinst   gebleicht

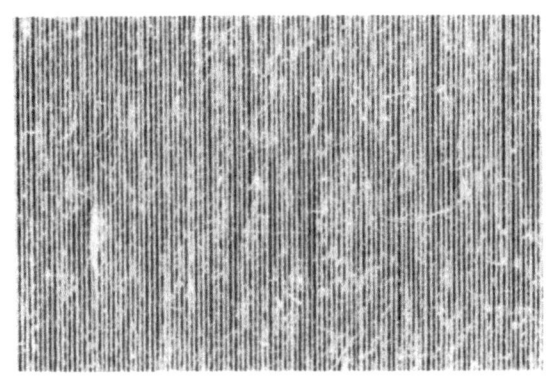
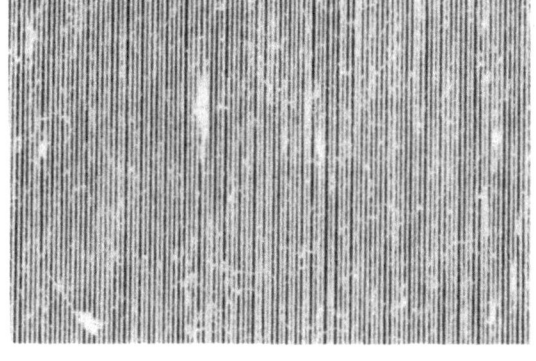

roh   Gillgespinst   gebleicht

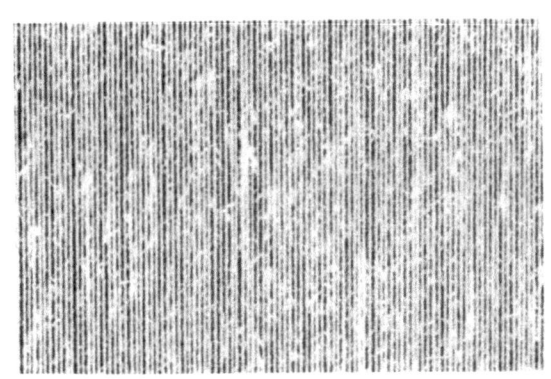
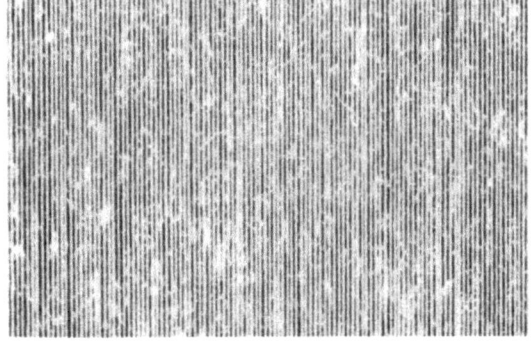

roh   Perfect-Gespinst   gebleicht

A b b i l d u n g 6
Flachswerggarn Ne_L 12 (140 tex)

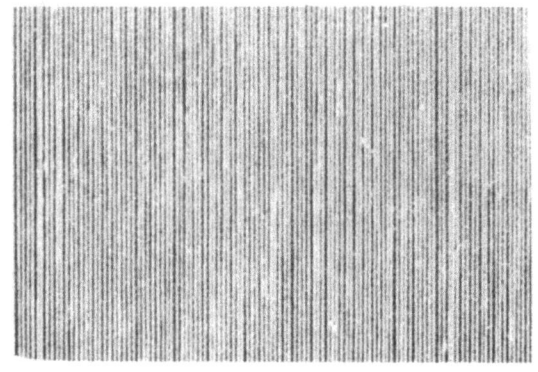 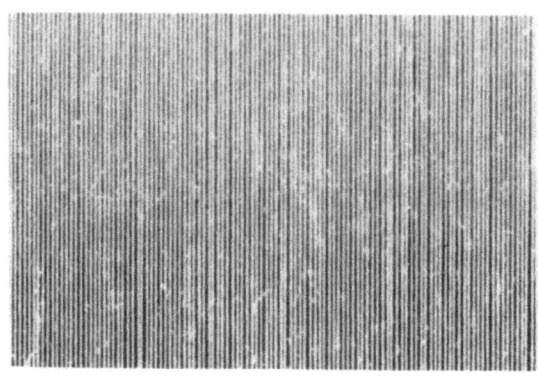

    roh   Naßgespinst   gebleicht

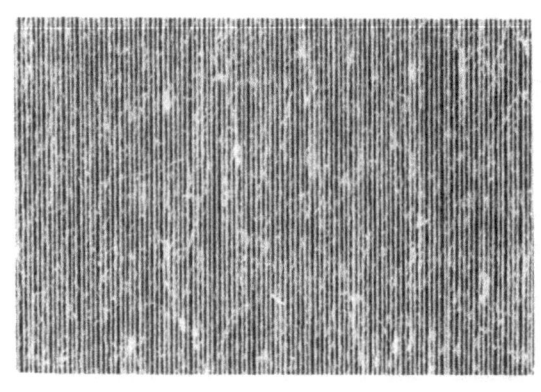

    roh   Perfect-Gespinst   gebleicht

A b b i l d u n g 7
Flachswerggarn Ne_L 20 (84 tex)

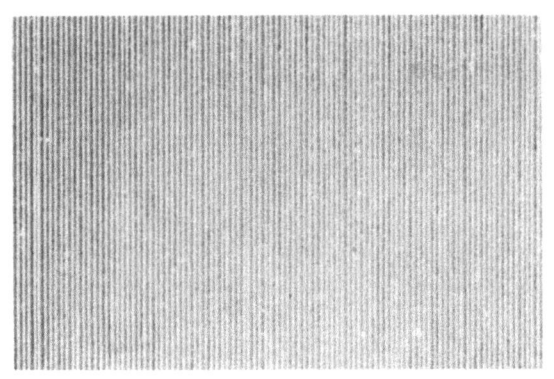 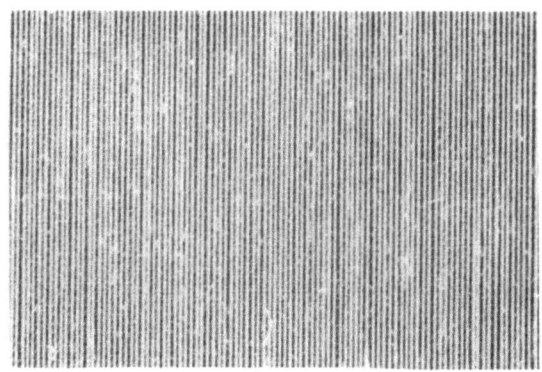

roh　　　　　Naßgespinst　　　　　gebleicht

roh　　　　　Gillgespinst　　　　　gebleicht

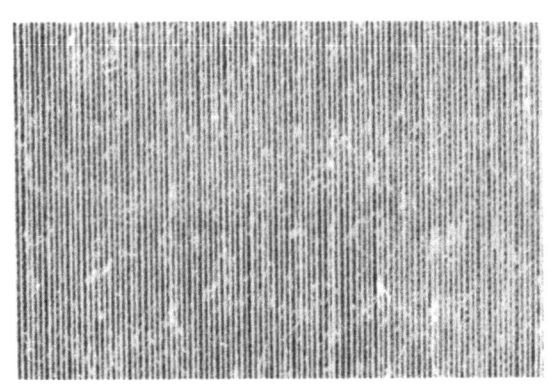

roh　　　　　Perfect-Gespinst　　　　　gebleicht

A b b i l d u n g   8
Flachsgarn Ne_L 20 (84 tex)

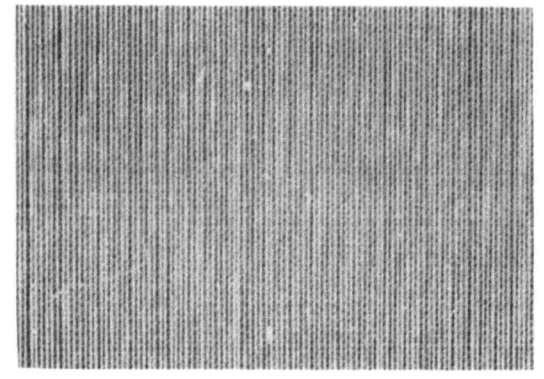 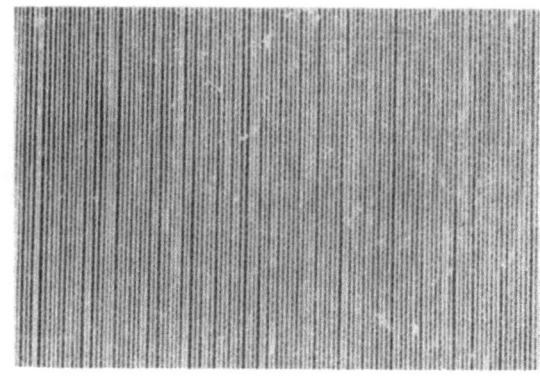

      roh   Naßgespinst   gebleicht

      roh   Perfect-Gespinst   gebleicht

A b b i l d u n g   9
Flachsgarn Ne_L 30 (56 tex)

das Spinnen eines weiten Nummernbereiches und verglichen mit dem Gillspinnen eine höhere Ausnützung des Spinnmaterials, die allerdings die des Naßspinnverfahrens nicht ganz erreicht. Demgegenüber hat auch die Feststellung, daß die Gillspinnmaschine hinsichtlich der Fadenbruchhäufigkeit sehr günstig abschneidet, nicht genügend Gewicht. Die als Trockenringspinnmaschine bei den Versuchen benützte Perfect-Maschine dominiert wirtschaftlich gesehen durch hohe Ablieferungsgeschwindigkeit und Garnkörper mit großem Fassungsvermögen, deren weitere Vergrößerung in Aussicht steht.

Die Nachteile der trockengesponnenen Garne sind geringere Festigkeiten, höhere Ungleichmäßigkeiten und ein unvorteilhaftes Äußeres der Gespinste. Inwieweit diese Nachteile sich auf die Weiterverarbeitung und auf die Güte und Brauchbarkeit der Enderzeugnisse auswirken, soll in weiteren Abschnitten dieses Berichts behandelt werden. Für gewisse Verwendungszwecke mag der fülligere Charakter des Trockengespinstes von vornherein positiv zu bewerten sein.

5. Eignungsprüfung der Garne in der Weberei
5.1 Die Versuchsgewebe

Die, nach den verschiedenen Verfahren gesponnenen Versuchsgarne wurden als Schußgarne für drei unterschiedliche Gewebearten,

Wattierleinen, Gerstenkornhandtücher und Bettücher,

verarbeitet. Die Garne kamen dabei teils roh, teils 1/2-, bzw. 3/4-gebl. zum Einsatz.

Zur Herstellung des Wattierleinens wurden Ketten aus rohem Flachswerggarn Ne_L 20 (84 tex), naßgesponnen verwandt, in die abschnittsweise die aus den Spinnversuchen stammenden Flachs- und Flachswerggarne Ne_L 20 (84 tex) roh und Flachsgarn Ne_L 30 (56 tex) roh eingeschossen wurden. Die Kette für das Verweben des feineren Flachsgarnes mußte im Vergleich zu der Kettdichte der Ware mit den gröberen Garnen entsprechend dichter gewählt werden. Einzelheiten siehe Tabelle 8.

Bei den Gerstenkornhandtüchern wurden die Versuchsgarne sowohl mit einer gebleichten Baumwollzwirnkette Nm 34/2 (30 tex x 2), als auch mit einer 3/4-gebleichten Flachswerggarnkette Ne_L 12 (140 tex) verwebt, so daß sie in einer Halbleinen- und einer Reinleinenqualität einander gegenübergestellt werden konnten. Bei Halbleinen fanden als Schußgarn

T a b e l l e 8

Versuchsgewebe

| | Wattierleinen | | | | | | Gerstenkorn-Handtücher | | | | | | Bettücher | |
| | 1 | | 2 | | 3 | | 4 | | 5 | | 6 | | 7 | |
	Kette	Schuß	Kette	Schuß	Kette	Schuß	Kette	Schuß	Kette	Schuß	Kette	Schuß	Kette	Schuß
Garnart	Fl.-W.	Fl.-W.	Fl.-W.	Fl.	Fl.-W.	Fl.	BW	Fl.-W.	BW	Fl.	Fl.-W.	Fl.-W.	BW	Fl.
Garn-Nr. Ne_L tex	20 84	20 84	20 84	20 84	20 84	30 56	34/2[*)] 30x2	20 84	34/2[*)] 30x2	20 84	12 140	12 140	20[*)] 50	30 56
Bleichgrad	roh	roh	roh	roh	roh	roh	gebl.	3/4-w.	gebl.	3/4-w.	3/4-w.	3/4-w.	roh	1/2-w.
Fertigbreite cm	80		80		83		50		50		50		160	
rel. Dichte	3,4	3,6	3,4	3,6	4,0	3,5	5,8	5,5	5,8	5,5	5,1	5,4	5,0	5,2
Verglichene Schußgarne	naß Perfect		naß Gill Perfect		naß Perfect		naß Perfect		naß Gill Perfect		naß Gill Perfect		naß Perfect	
Ausrüstung	scheren, waschen, trocknen (Zylindermaschine), appretieren m. Leim, Dextrin, aufgeschl. Stärke u. Fett, kalandern.						sengen, kochen mit Kalk u. Soda, Chlorbehandlung, mangeln.				scheren, einsprengen, mangeln.		sengen, kochen mit Kalk u. Soda, Chlorbehandlung, auswaschen, kalandern.	

[*)] Nm

Flachswerggarn Ne_L 20 (84 tex) und Flachsgarn Ne_L 20 (84 tex) aller erprobten Spinnverfahren, 3/4-gebl. Verwendung. Für die Reinleinenqualität wurde als Schuß das Versuchsgarn Ne_L 12 (140 tex) 3/4-gebl., wiederum nach verschiedenen Arten hergestellt, verwandt.

Schließlich wurde zu einer handelsüblichen Halbleinenbettuchware das Flachsgarn Ne_L 30 (56 tex) 1/2-weiß als Naß- und Perfect-Trockengespinst mit einer rohen Baumwollkette Nm 20 (50 tex) verarbeitet.

Einzelheiten der Ausrüstungsverfahren sind der Tabelle 8 zu entnehmen.

5.2 Vorbereitung der Schußgarne

Der größte Teil der zum Verweben vorgesehenen Versuchsgarne wurde auf Schweiter-Schlauchcops-Schußspulautomaten umgespult. Eine Ausnahme bildeten lediglich die für Gerstenkornhandtuchware vorgesehenen Flachswerggarne Ne_L 12 (140 tex), 3/4-gebl. und die Flachsgarne Ne_L 30 (56 tex), 1/2-gebl., die der Bettuchherstellung dienten. In diesen beiden Fällen wurde als Spulmaschine ein Schlafhorst-Autocopser benutzt. Sämtliche Vergleichsgarne der jeweiligen Qualitäten wurden auf denselben Maschinenaggregaten unter gleichen Bedingungen vorbereitet.

5.3 Verweben der Vergleichsgarne

Die unmittelbar zu vergleichenden Trocken- und Naßgarne wurden auf einem Webstuhl in die gleiche Kette unter gleichen äußeren Bedingungen eingeschossen, so daß eine Vergleichbarkeit gewährleistet ist.

Die Verwebung der Wattierleinenqualitäten erfolgt auf zwei schmalen, glatten Leinenwebstühlen für mittelschwere Ware mit Schlauchcopsschützen. Der größere Teil der Gerstenkornhandtücher (Halbleinen-Zwirnware) wurde ebenfalls mit Schlauchcops-Schützen hergestellt, jedoch auf einem schmalen, einschützigen Jacquard-Handtuchwebstuhl. Für die Reinleinen-Handtuchqualität stand ein schmaler Jacquardstuhl mit Spulenwechselautomaten zur Verfügung. Die Bettuchware wurde auf einem breiten, mittelschweren, glatten Webstuhl mit Spulenwechselautomaten hergestellt. Alle Stühle waren hinsichtlich ihrer Leistung auf die entsprechende Gewebequalität eingestellt.

5.4 Gewebeprüfung

Die hergestellten und gemäß Angaben in Tabelle 8 ausgerüsteten Gewebe wurden auf Festigkeit und Dehnung in Schußrichtung, Luftdurchlässigkeit, Aussehen und teilweise auch auf Saugfähigkeit untersucht und bewertet.

Entsprechend ihrem Verwendungszweck wurden die Wattierleinenwaren unmittelbar nach der Ausrüstung geprüft, während alle übrigen Gewebe zunächst einer einmaligen Wäsche unterworfen wurden, um die latenten Fadenspannungen auszugleichen. Zur Erfassung des Verhaltens der zu vergleichenden Gewebe mit naß- und trockengesponnenem Schuß beim Waschen wurde die Gerstenkornqualität 4 und die Bettuchware 7 einer 25maligen Waschbehandlung in einem Haushalt-Trommelwaschautomaten unter Anwendung eines Zwei-Laugen-Verfahrens mit anschließenden fünf Spülbädern unterworfen. Zum Einsatz kam dabei ein Haushaltsmaschinen-Waschmittel mit gebremstem Schaum. Die Höchsttemperatur beim Waschen betrug ca. 90°C. Nach Abschluß der Waschversuche wurden die Gewebe gemangelt. Die derartig behandelten Gewebe wurden wiederum wie o.a. geprüft und bewertet.

Die Bestimmung der Luftdurchlässigkeit sowie der Gewebefestigkeit und -dehnung erfolgte nach den Vorschriften DIN 53801. Die Anzahl der Messungen je Gewebemuster betrug bei der Luftdurchlässigkeitsprüfung 5, bei der Festigkeits- und Dehnungsprüfung 20.

Die Saugfähigkeit wurde nach dem Dochtverfahren an je fünf Gewebestreifen von 2 cm Breite in Schußrichtung gemessen. Als Lösung diente Füllhaltertinte mit destilliertem Wasser im Verhältnis 1 : 3 gemischt. Die Feststellung der Saughöhen erfolgte bei einer Eintauchtiefe der Prüfstreifen von 5 mm mit Hilfe einer Meßskala nach 30, 60, 120 und 180 Sekunden Tauchzeit.

6. Ergebnisse der Webversuche

6.1 Beobachtungen bei den Webversuchen

Die Laufeigenschaften der Versuchsgarne wurden während des Spul- und des Webvorganges beobachtet und Besonderheiten registriert.

Beim Spulprozeß konnten bei keinem der miteinander zu vergleichenden Garne besondere positive oder negative Feststellungen getroffen werden. Fadenbrüche waren kaum zu verzeichnen. Auch eine Beeinflussung der Bremsorgane durch Faserabrieb, der bei den rauheren Trockengespinsten vermutet werden konnte, war nicht feststellbar. Die Bremseinstellungen wurden innerhalb der einzelnen Garngruppen einheitlich gehalten. Die Garne ließen sich sämtlich gut verarbeiten. Unterschiede zwischen Naß- und Trockengespinsten ergaben sich nicht.

Beim Webprozeß wurde die Schußfadenspannung beobachtet, die wesentlich von der Art der Bremsung des abgezogenen Fadens im Webschützen beeinflußt wird. Deshalb war Wert darauf zu legen, daß bei flusigen Garnen die Bremswirkung nicht durch Ablagerungen verändert wird.

Die Wattierleinengewebe 1 bis 3 wurden mit Schlauchcops-Schützen hergestellt, wobei die Bremsung des Schußfadens durch Stahlfedern erfolgte. Nur in einem einzigen Fall, nämlich bei Wattierleinen 3, wurden vereinzelt Schäben innerhalb der Fadenbremse gefunden, die aber eher beim Naßgespinst als bei den Trockengarnen auftraten. Größere Flusenablagerungen waren bei keinem der Garne festzustellen.

Die Gerstenkorngewebe 4 und 5 wurden unter Verwendung von Schlauchcopsschützen mit Drahtbügelbremsen hergestellt. Hier ergab sich bei den Trockengarnen nach Ablauf mehrerer Spulen eine geringfügige Flusenablagerung, die jedoch die Fadenbremsung nicht beeinflußte. Die Erscheinung war beim Gillgarn deutlicher als beim Perfectgarn.

Für die Gerstenkorngewebe 6 und die Bettuchware 7 wurden Automatenschützen mit Borstenbremsen verwendet. Trotz der groben und relativ ungleichmäßigen Schußgarne der Gerstenkornware und einer starken Flusigkeit der Trockengespinste, waren Unterschiede im Schußfadenabzug aus dem Webschützen und im Verhalten der Fadenbremse zwischen Naß- und Trockengarn nicht zu verzeichnen. Die gleiche Feststellung konnte für das Bettuchgewebe getroffen werden.

Bei der relativ dichten Einstellung des Bettuchgewebes 7 wirkte sich das geschmeidigere Verhalten des Trockengarns auf die größere Schonung der Kantenfäden günstig aus.

Was die Bremsung des Fadens im Webschützen anbetrifft, kann somit auf Grund der gemachten Beobachtung gesagt werden, daß ein auffällig unterschiedliches Verhalten der trocken- und naßgesponnenen Garne im ganzen gesehen nicht festzustellen war.

Der Aussagewert, der bei der Vorbereitung der Garne und ihrer Verwebung gemachten Beobachtungen, ist natürlicherweise beschränkt durch die relativ geringe Menge der versuchsweise vorbereiteten und verwebten Schußgarne. Gültigkeit behält die Feststellung, daß bei der Verarbeitung der Versuchsmengen ein nachteiliges Verhalten der Trockengespinste gegenüber den vergleichbaren Naßgarnen nicht in Erscheinung getreten ist.

6.2 Gewebeprüfungen

6.21 Visuelle Gewebebeurteilung

Die verschiedenen Gewebequalitäten wurden von mehreren Personen unabhängig voneinander kritischen, visuellen Prüfungen unterzogen, wobei die zu vergleichenden Gewebe den Beurteilern chiffriert vorgelegt wurden. Einbezogen wurden: Geschlossenheit des Warenbildes, Warenbild im Durchlicht, vorhandene Flusigkeit der Gewebeoberfläche und Gewebegriff.

Bei jeder Beurteilung erhielt das nach Ansicht des Beurteilers beste Gewebe die Note 1, das zweitbeste die Note 2 usw.. Die Summe der erhaltenen Noten wurde arithmetisch unter Berücksichtigung der Zahl der Bewerter gemittelt und in Tabelle 9 eingetragen.

Tabelle 9

Gewebebewertungsnoten

Schußgarne	Wattierleinen			Gerstenkornhandtücher			Betttücher
	1	2	3	4	5	6	7
Naßgespinst	1,0	2,8	2,0	2,0	2,2	3,2	1,0
Gill-Trockengespinst	-	1,8	-	-	1,0	1,0	-
Perfect-Trockengespinst	2,0	1,4	1,0	1,0	2,8	3,6	2,0

Wattierleinen 1 mit Flachswerggarn Ne_L 20 (84 tex) roh ist von allen Bewertern mit gleichem Ergebnis dahingehend beurteilt worden, daß dem Naßgespinst der Vorzug gegenüber dem Trockengarn gegeben wurde. Entgegengesetzt fiel die Beurteilung der Wattierleinen 2 und 3 aus. Bei Gewebe 2 mit Flachsgarn Ne_L 20 (84 tex) roh als Schußgarn, erfuhr die Probe mit dem naßgesponnenen Garn die schlechteste Beurteilung. Der mit Perfect-Trockengarn gefertigte Abschnitt wurde dabei höher bewertet als der Abschnitt mit Gillgarn als Schuß. Bei Wattierleinen 3 mit Flachsgarn Ne_L 30 (56 tex) roh als Schuß, war die mit dem Perfect-Trockengespinst gefertigte Probe ebenfalls eindeutig derjenigen mit Naßschußgarn überlegen.

Bei den Gerstenkornhandtüchern 4 und 6 fanden die Gewebe mit trockengesponnenen Garnen als Schuß unterschiedliche Bewertung. Bei Gewebe 4 mit Flachswerggarn Ne_L 20 (84 tex), 3/4-gebl. fiel die Beurteilung einstimmig zugunsten des Perfect-Trockengespinstes, verglichen mit dem Naßgespinst aus. Die Tücher 5 und 6 aus Flachsgarn Ne_L 20 (84 tex) bzw. Flachswerggarn Ne_L 12 (140 tex), 3/4-gebl. wurden mit naßgesponnenem Garn, mit Gill- und Perfect-Trockengarn als Schuß gefertigt. In beiden Fällen wurde den Abschnitten mit dem Gilltrockengespinst die höchste Note erteilt, während die Abschnitte mit Perfect-Trockengarn wesentlich niedriger eingestuft und auch schlechter bewertet wurden als die Proben mit Naßschußgarn.

Bei der Bettuchware 7 mit Flachsgarn Ne_L 30 (56 tex), 1/2-gebl. im Schuß wurde dem Abschnitt mit naßgesponnenem Schußgarn eindeutig die bessere Note zuerkannt.

Die in der Tabelle 9 niedergelegten Bewertungen des Gewebeäußeren decken sich mit den Beobachtungen des Gewebeausfalles während der Herstellung der Waren auf dem Webstuhl, wo der gespannte Zustand des gewebten Stückes eine gute Beurteilungsmöglichkeit gibt. Die Ware mit dem Trockengespinst zeigte auch hier vielfach ein geschlosseneres Warenbild, während andererseits die größere Flusigkeit der Trockengespinste ebenfalls in Erscheinung trat.

Die 25 x gewaschenen Gewebe 4 und 7 wurden gleichfalls einer visuellen Beurteilung unterzogen. Im Auflicht zeigten sich bei diesen Geweben keinerlei Unterschiede zwischen den Proben mit trocken- und naßgesponnenem Schußgarn. Lediglich im Durchlicht trat bei dem Bettuchgewebe 7 das ungleichmäßigere Bild des Trockengarns in Erscheinung.

Wie aus dieser Beurteilung unbefangener Bewerter hervorgeht, kann entgegen der für das Trockengespinst eindeutig negativen Beurteilung seines Äußeren auf schwarzen Tafeln, im Gewebe selbst weder dem Naß-, noch dem Trockengespinst in allen Fällen grundsätzlich der Vorzug gegeben werden. Es kommt auf die jeweilige Gewebequalität und deren Verwendungszweck an, welche Art des Garns das bessere Aussehen und den besseren Griff gibt. Bei den Wattierleinengeweben und den Gerstenkornhandtüchern ist ein in sich geschlosseneres, fülligeres Bild in der Regel ansprechender, während man bei der kalanderten Bettuchware auf einen kernigen Griff und eine möglichst glatte Oberfläche Wert legt, die durch Naßgespinste besser zu erreichen ist.

Die Abbildungen 10, 11 und 12 zeigen Gegenüberstellungen von Geweben mit naß- und trockengesponnenen Schußgarnen.

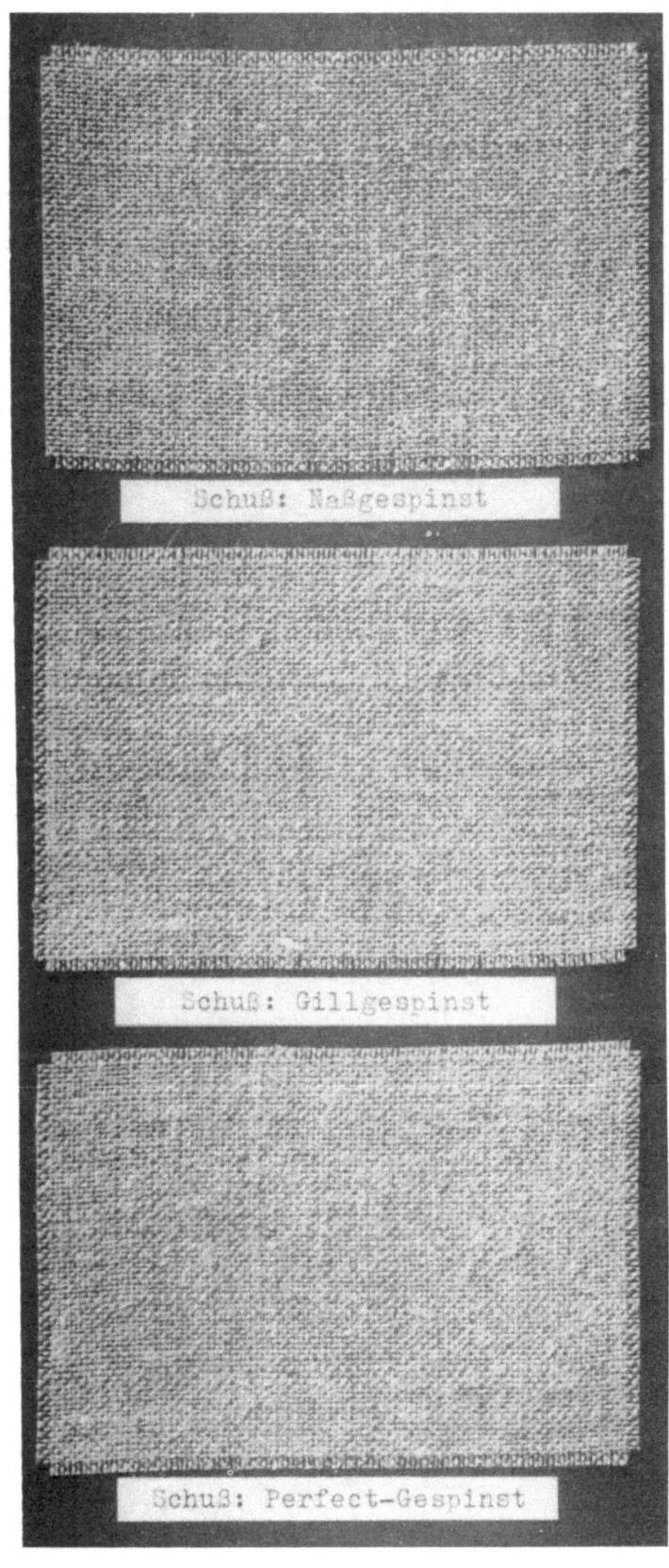

Abbildung 10
Wattierleinen
Kette: Fl.-W. Ne_L 20 (84 tex), roh, r.D. 3,4
Schuß: Fl. Ne_L 20 (84 tex), roh, r.D. 3,6

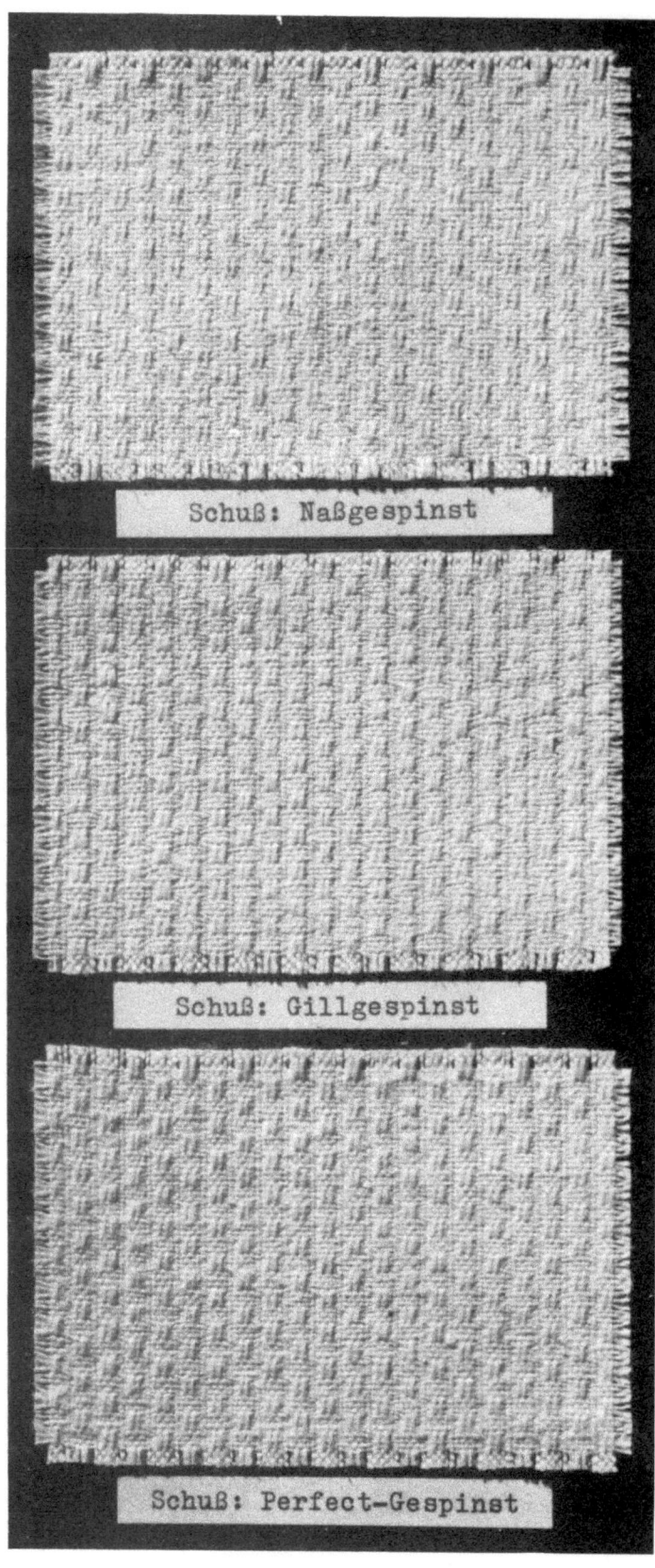

Abbildung 11
Gerstenkorn-Handtücher
Kette: Fl.-W. Ne_L 12 (140 tex), 3/4-w., r.D. 5,1
Schuß: Fl.-W. Ne_L 12 (140 tex), 3/4-w., r.D. 5,4

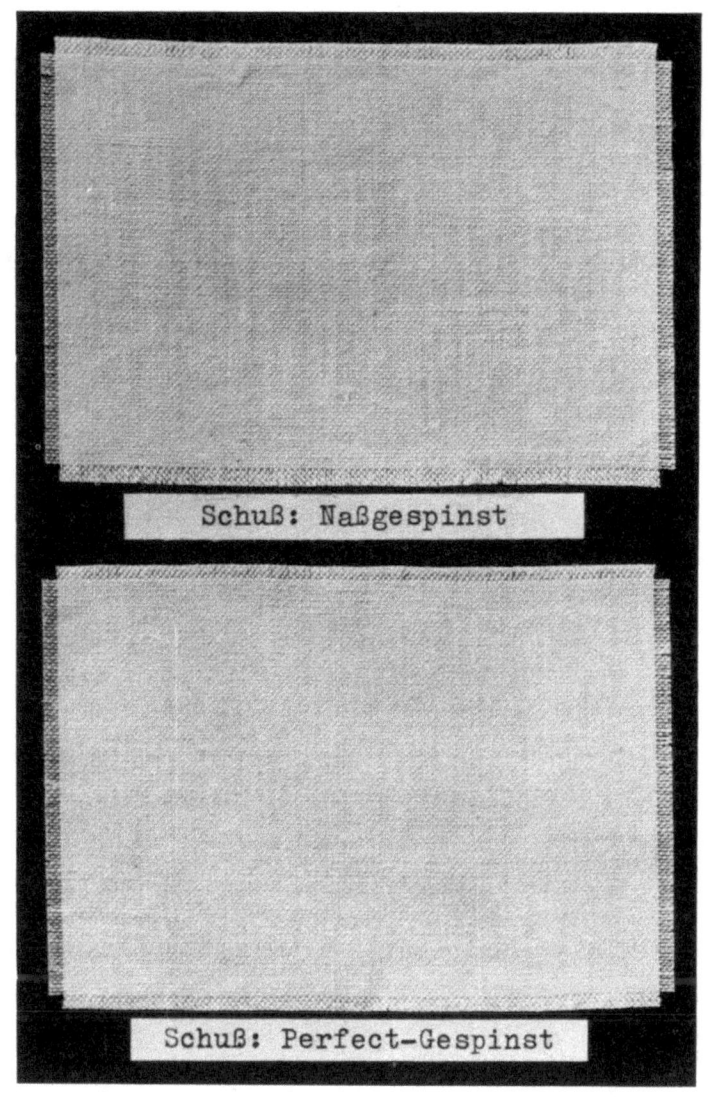

Abbildung 12
Bettücher
Kette: BW Nm 20 (50 tex), roh,   r.D. 5,0
Schuß: Fl. Ne_L 30 (56 tex), 1/2-w., r.D. 5,2

6.22 Prüfung der Luftdurchlässigkeit

Die Ergebnisse der Luftdurchlässigkeitsprüfung an den ungewaschenen Wattierleinen und den einmal gewaschenen Hand- und Bettuchgeweben sind in Tabelle 10 aufgeführt. Bezeichnung und Einteilung sind der Tabelle 9 analog, nur daß auch noch die relativen Gesamtgewebedichten eingetragen sind.

Tabelle 10

Luftdurchlässigkeit in $1/100 \text{ cm}^2/\text{min}$

Schußgarne	Wattierleinen			Gerstenkorn-Handtücher			Bettücher
	1	2	3	4	5	6	7
Rel. Gesamtdichte	6,9	6,9	7,4	11,0	11,0	10,2	9,9
Naßgespinst	851	952	461	83	94	186	86
Gill-Trockengespinst	-	725	-	-	52	170	-
Perfect-Trockengespinst	672	684	443	55	76	136	65

Die mit den Naßgespinsten hergestellten Gewebe zeigen in allen Fällen im Vergleich zu den entsprechenden Geweben aus Trockengespinsten die höheren Luftdurchlässigkeitswerte, d.h. die aus Trockengarn hergestellten Gewebe weisen eine höhere Fülligkeit auf und wirken bei gleicher Einstellung dichter. Zwischen den Geweben mit Perfect- und Gill-Trockengarn sind Unterschiede mit eindeutiger Tendenz nicht erkennbar. Bei den drei Parallelversuchen, bei denen diese beiden Gespinste mit zum Einsatz kamen, zeigt das erstgenannte Gewebe zweimal, das zweitgenannte einmal die geringste Luftdurchlässigkeit.

Nebenbei sei festgestellt, daß der Einfluß der relativen Gewebedichte nur dort eindeutig zu erkennen ist, wo es sich um Waren mit gleicher Ausrüstung gehandelt hat, die offensichtlich einen starken Einfluß ausübt.

Beim Vergleich der gleich dichten und gleich ausgerüsteten Wattierleinen 1 und 2 aus Rohgarnen sowie der Gerstenkorngewebe 4 und 5 aus gebleichten Garnen, fällt zusätzlich als Ergebnis an, daß die mit Flachsgarnen als Schuß hergestellten Proben stärker luftdurchlässig waren, als die Gewebe mit Flachswerggarnen als Schuß. Hier kommt die stärkere Fülligkeit der Werggarne zum Ausdruck.

Die Luftdurchlässigkeit wurde auch bei den 25 x gewaschenen Proben 4 und 7 mit Naßgarnen und Perfect-Trockengarnen als Schuß untersucht. Bei Gewebe 4 zeigte nach 25 Wäschen die Probe mit dem Naßschußgarn 81, die mit dem Perfect-Trockengarn 96 1/100 cm^2/min Luftdurchlässigkeit. Bei Gewebe 7 lagen die Werte für die Probe mit Naßgarn bei 67, für die Probe mit Trockengarn bei 76 1/100 cm^2/min. Die Zahlen lassen erkennen, daß die Waschbehandlung eine starke Veränderung des Luftdurchlässigkeitsverhaltens zu ungunsten der Trockengespinste herbeigeführt hat. Die ursprünglich niedrigen Werte der Durchlässigkeit bei den Geweben mit Trockengarnen haben sich nicht nur denjenigen der Proben mit Naßschußgarn angeglichen, sondern haben sie überholt, wenn auch die Unterschiede zugunsten der letzteren nicht so groß sind wie bei der neuen Ware zugunsten der Gewebe mit Trockenschußgarnen. Die Fülligkeit des neuwertigen Gewebes, hervorgerufen durch die bei der Drehung des Trockengarns weniger eingebundenen Fasern hat in der Wäsche stark abgenommen. Der Vorzug der höheren Dichtigkeit ist nach 25 Wäschen nicht mehr vorhanden.

6.23 Prüfung der Saugfähigkeit

Tabelle 11 enthält eine Gegenüberstellung der an den 1 x gewaschenen Gerstenkornhandtüchern 4, 5 und 6 sowie an den 25 x gewaschenen Gerstenkornhandtüchern 4 ermittelten mittleren Saughöhen bei Einsatz von Naß- und Trockengespinsten. Die 1 x gewaschenen Gewebe zeigen deutlich die Überlegenheit der Saugfähigkeit bzw. des Trockeneffektes bei Handtüchern mit Gilltrockengespinst und mit Perfect-Trockengespinst im Vergleich zu den mit Naßgespinsten gefertigten Handtüchern. Nach 25 Wäschen hat die Saugfähigkeit stark zugenommen. Durch die beim Naßgespinst erfolgte stärkere Kotonisierung des Garns ist eine Angleichung der Saugfähigkeit an die der Gewebe mit Perfect-Trockengespinst hierbei eingetreten.

6.24 Prüfung der Gewebefestigkeit und -dehnung

Tabelle 12 enthält die Ergebnisse der Gewebefestigkeits- und Dehnungsuntersuchungen im trockenen Zustand bei den ausgerüsteten Waren ungewaschen, bei den Proben aus gebleichten Garnen nach einmaliger Wäsche.

Die Zahlen beziehen sich sämtlich auf die Schußrichtung der Gewebe. Die Abbildungen 13 und 14 bieten die graphische Darstellung der Ergebnisse.

Tabelle 11

Saugfähigkeit in mm

	Gerstenkorn-Handtücher			
	4 1 x gew.	5 1 x gew.	6 1 x gew.	4 25 x gew.
Naßgespinst	153	147	132	222
Gill-Trockengespinst	-	158	151	-
Perfect-Trockengeppinst	161	152	157	222

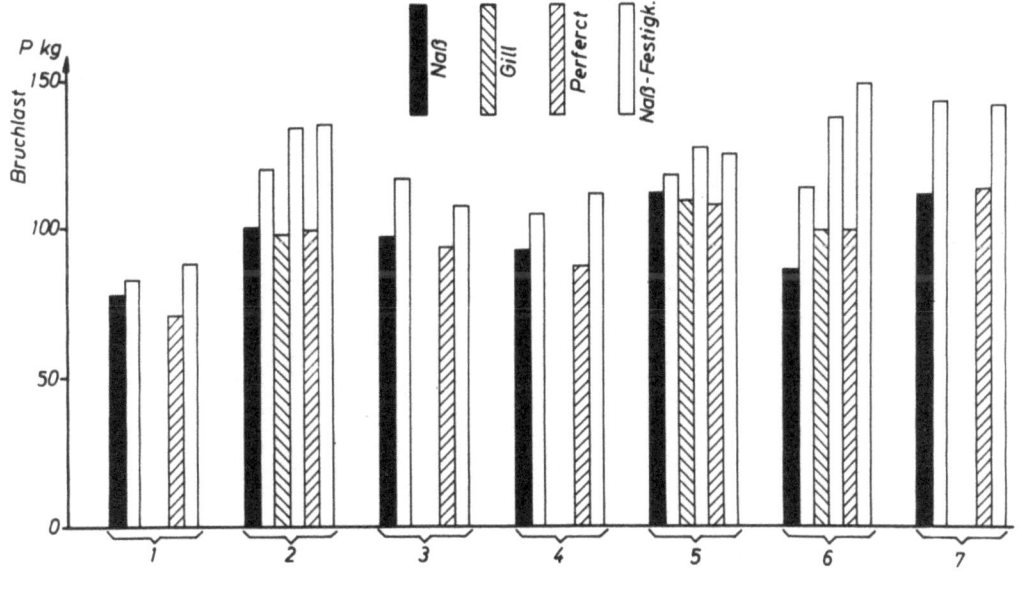

Abbildung 13

Festigkeiten von Geweben mit Naß- und Trockengarnen
(Schußrichtung)

Die Festigkeiten der Gewebe aus trockengesponnenen Garnen liegen mit Ausnahme der Proben 6 niedriger als die Festigkeiten der Gewebe mit naßgesponnenen Garnen. Es ist festzustellen, daß die Größenordnung der Unterschiede im Vergleich zu den bei der Garnprüfung erhaltenen stark zurückgegangen ist.

Tabelle 12

Gewebefestigkeiten und -dehnungen in Schußrichtung (trocken)

Schußgarn	Wattierleinen						Gerstenkorn-Handtücher						Bettücher	
	1		2		3		4		5		6		7	
	P [kg]	d [%]	P [kg]	d [%]	P [kg]	d [%]	P [kg]	d [%]	P [kg]	d [%]	P [kg]	d [%]	P [kg]	d [%]
Naßgespinst	77,6	12,4	100,0	14,0	97,4	9,5	92,7	18,6	111,8	18,4	86,3	17,5	117,0	19,8
Gill-Trockengesp.	–	–	97,7	14,9	–	–	–	–	109,8	20,3	101,1	19,7	–	–
Perfect-Trockengesp.	70,6	13,5	99,4	14,6	93,4	9,9	87,4	18,3	108,0	20,7	99,3	19,1	113,2	19,2

Tabelle 13

Gewebefestigkeiten und -dehnungen in Schußrichtung (naß)

Schußgarn	Wattierleinen						Gerstenkorn-Handtücher						Bettücher	
	1		2		3		4		5		6		7	
	P [kg]	d [%]	P [kg]	d [%]	P [kg]	d [%]	P [kg]	d [%]	P [kg]	d [%]	P [kg]	d [%]	P [kg]	d [%]
Naßgespinst	83,0	11,2	130,7	12,9	116,8	11,2	104,9	13,5	118,2	14,3	114,0	15,9	142,0	14,9
Gill-Trockengesp.	–	–	132,8	12,8	–	–	–	–	127,6	15,0	137,4	17,3	–	–
Perfect-Trockengesp.	88,0	11,5	135,2	12,6	107,9	9,5	111,7	13,9	124,8	15,6	148,6	17,0	141,1	15,3

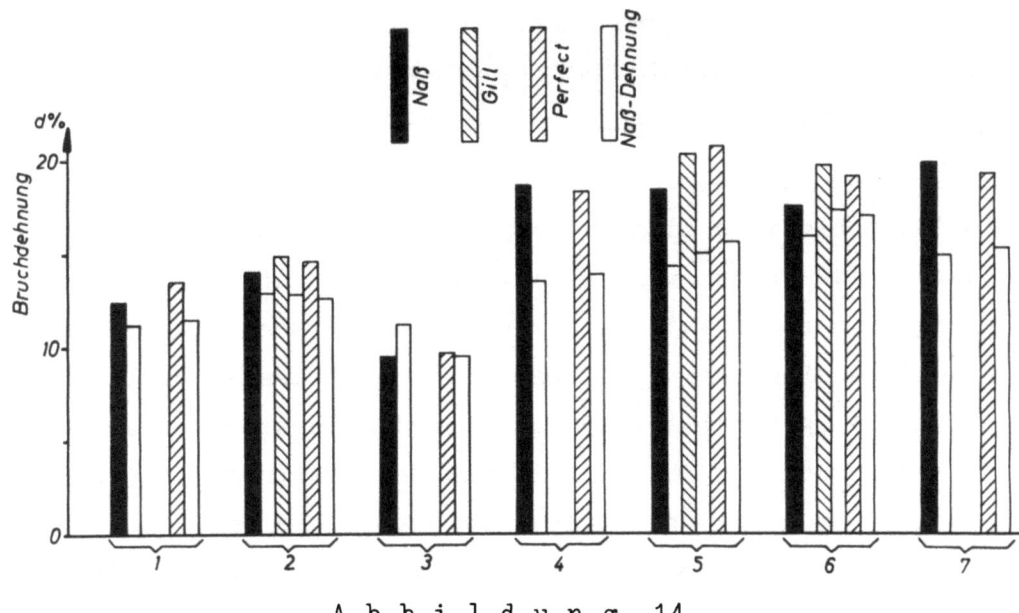

A b b i l d u n g 14

Dehnungen von Geweben mit Naß- und Trockengarnen
(Schußrichtung)

Bei dem Wattierleinen 1 mit Flachswerggarn Ne_L 20 (84 tex) im Schuß ist das Gewebe mit dem Perfect-Trockengespinst um etwa 10 %[10] der aus Naßgarn gefertigten Probe an Festigkeit unterlegen. Bei dem Handtuchgewebe 4, das aus den gleichen, aber gebleichten Garnen im Schuß hergestellt wurde, beträgt der Unterschied rund 5 %. In allen anderen Fällen sind die Differenzen zu ungunsten der Proben mit Trockengarnen noch geringer. Die geringere Festigkeit trockengesponnener Garne wirkt sich also im Gewebe in den meisten Fällen nur noch in einem untergeordneten Ausmaß aus[11].

Eine krasse Ausnahme bildet die Ware 6, bei der beide mit Trockengarnen gewebten Proben fester sind als die aus Naßgarnen gefertigten, und zwar um 17 bzw. 15 %. Eine bindende Erklärung hierfür zu geben, ist zunächst nicht möglich. Für die Annahme, daß hier bei der Herstellung des Gewebes 6 aus dem Naßgespinst irgendein Fehler unterlaufen wäre, besteht keinerlei Veranlassung. Die Ausrüstung dieses Gewebes (s. Tab. 8) bestand lediglich aus Scheren, Einsprengen und Mangeln, so daß auch dort eine Schädigung der Proben undenkbar ist. Ob diese Art der Ausrüstung,

---

10. Alle Prozentangaben beziehen sich auf die Werte der Proben mit Naßgarnen.
11. Die Tatsache, daß Garne mit niedriger Festigkeit eine höhere prozentuale Ausnützung in bezug auf die Gewebefestigkeit aufzuweisen haben, ist bekannt.

die das Gewebe 6 als einziges erfahren hat, mit ein Grund sein kann, daß sich gerade in ihm der Festigkeitsanteil, der auf die Abbindung der Fäden zurückzuführen ist, stärker auswirkt und daß die Art des Garns diese Abbindung begünstigt, sei lediglich zur Diskussion gestellt.

Der Vergleich der in Tabelle 12 und Abbildung 14 verzeichneten Bruchdehnungen führt nicht zu einem völlig einheitlichen Ergebnis. Wohl ist aber zu sagen, daß in den weitaus meisten Fällen die Dehnung der Gewebe mit Trockengarnen höher ist als diejenige der Proben mit Naßgespinsten. Die Unterschiede sind teilweise beachtlich und bewegen sich zwischen 4 und 12 %. Nur in zwei Fällen, nämlich bei dem Gerstenkornhandtuch 4 mit Schußgarn Flachswerg Ne_L 20 (84 tex) und beim Bettuch 7 mit Schußgarn Ne_L 30 (56 tex) sind die Bruchdehnungen der Proben mit Trockengarnen etwas niedriger als die der Gegenproben aus Naßgarnen. Der Unterschied beträgt hier 1,5 bzw. 3 %.

Die Festigkeits- und Dehnungsprüfungen der Gewebe wurden auch im nassen Zustand durchgeführt. Die Ergebnisse enthalten Tabelle 13 (s. S. 48) und Abbildung 13 und 14. Zunächst kann gesagt werden, daß die Zunahme der Naßfestigkeit gegenüber der Trockenfestigkeit bei den Geweben mit Trockengarnen höher ist als bei den Geweben mit naßgesponnenen Garnen. Im Durchschnitt aller Gewebe lag das Verhältnis Trockenfestigkeit zu Naßfestigkeit bei den Geweben mit Trockengarnen um 100 : 130, bei den Geweben mit Naßgarnen um 100 : 120. Dadurch wurden die relativ geringen Unterschiede, die zwischen den Festigkeiten der Gewebe im trockenen Zustand noch vorhanden waren, weitgehend ausgeglichen. Nur in einem Falle (Wattierleinen 3) blieb die Überlegenheit der Probe mit Naßgarn mit rd. 7 % noch einigermaßen deutlich bestehen. Bei dem Bettuchgewebe 7 betrug sie nur noch 1 %, während demgegenüber bei allen anderen Proben die Abschnitte mit Trockengarnen bei der Naßprüfung die höheren Festigkeiten aufzuweisen hatten. Diese Überlegenheit schwankte zwischen 2 bis 12 %. Davon ausgenommen ist das bereits als Ausnahme gekennzeichnete Gerstenkornhandtuch 6, bei dem bereits die Prüfung im trockenen Zustand die höhere Festigkeit der mit Trockengarnen gefertigten Abschnitte ergeben hatte, die nunmehr bei der Prüfung im nassen Zustand eine Größenordnung von 40 bis 50 % (!) erreicht.

Die Gewebedehnungen im nassen Zustand gehen gegenüber der Trockenprüfung zurück. Was das Verhältnis zwischen den Dehnungen der Naß- und Trockengarne anbetrifft, so ist die Tendenz wiederum uneinheitlich. Bei den Wattierleinen haben die Gewebe aus Trockengarnen meist die geringere, bei den Handtüchern und Bettüchern in allen Fällen die größere Dehnung. Die Größenordnung des Unterschiedes streut zwischen $\pm$ 9 und 15 %, ist aber in der Mehrzahl der Fälle gering.

Tabelle 14 enthält die Ergebnisse der Festigkeits- und Dehnungsprüfungen an den 25 x gewaschenen Handtüchern bzw. Bettüchern 7. Wiederum wurde trocken und naß geprüft.

<u>T a b e l l e   14</u>

Gewebefestigkeiten und - dehnungen in
Schußrichtung nach 25 Wäschen

Schußgarn	Gerstenkorn-Handtücher 4				Bettücher 7			
	trocken		naß		trocken		naß	
	P [kg]	d [%]	P [kg]	d [%]	P [kg]	d [%]	P [kg]	d [%]
Naßgespinst	76,0	18,0	86,0	15,1	93,5	17,2	113,5	14,9
Perfect-Trockengespinst	74,4	15,5	92,5	13,1	97,5	14,7	120,1	12,1

Bei dem Gerstenkorngewebe 4 hat sich das Verhältnis zwischen den Festigkeiten der Proben mit Naß- und Trockengarnen durch das Waschen leicht zugunsten der letztgenannten verändert. Die Überlegenheit der Naßgarnprobe bei der Trockenprüfung beträgt nur noch 3 %. Bei der Naßreißung ist die Trockengarnprobe jetzt um 7 % fester. Beim Bettuchgewebe 7 ist eine deutliche Veränderung im gleichen Sinne eingetreten. Im Gegensatz zu der neuwertigen Ware zeigt sich in dem 25 x gewaschenen Gewebe sowohl bei der Trocken- als auch bei der Naßprüfung eine deutliche Überlegenheit der Abschnitte mit Trockengarnen in der Größenordnung von 5 %.

Zusammenfassend ist also zu sagen, daß die Gewebe mit Trockenschußgarnen die Waschbehandlung mit einem geringeren Festigkeitsverlust überstanden haben.

Die Bruchdehnungen der Gewebe aus trockengesponnenen Garnen sind nach der Wäsche in allen Fällen bei den Proben mit Trockengespinst niedriger als bei denen mit Naßgespinst.

6.3 Zusammenfassung der Webergebnisse

Die Ergebnisse der Beobachtungen in der Weberei und der Gewebeprüfung können wie folgt zusammengefaßt werden:

Bei der Verarbeitung der Naß- und Trockengespinste als Schußgarne haben sich in Spulerei und Weberei charakteristische Unterschiede in bezug auf die Laufeigenschaften der Versuchsgarne nicht ergeben. Dabei ist allerdings einschränkend auf die relativ geringe Menge der insgesamt verarbeiteten Garne hinzuweisen.

Die als Wattierleinen, Gerstenkornhandtücher und Bettuchwaren hergestellten und ausgerüsteten Gewebe ergaben bei der Bewertung ihres Ausfalles keine einheitliche Beurteilung zugunsten der Naß- oder Trockengarne. Zusammengefaßt fiel das Urteil zugunsten der Gewebe mit Trockenschußgarn aus. Von 7 vorliegenden Geweben wurden die Proben mit Naßschußgarn nur zweimal ihrem Äußeren und ihrem Griff nach an die erste Stelle gesetzt. Von den beiden dreimal im Gewebe gegeneinander geprüften Trockengespinsten - Gill und Perfect - wurde einmal das Perfect- und zweimal das Gillgespinst besser bewertet. Nach 25 Wäschen, denen zwei Versuchsgewebe unterworfen wurden, hatte sich das Aussehen der Vergleichsproben weitgehend angeglichen.

Die Proben mit Trockengarnen hatten eindeutig die geringere Luftdurchlässigkeit aufzuweisen, was ein vorteilhaftes Bild auf ihre Fülligkeit wirft. Allerdings hat sich dieses Vergleichsergebnis nach 25 Wäschen zugunsten des Naßgespinstes verändert.

Die Festigkeiten der Gewebe in Schußrichtung aus trockengesponnenen Garnen waren bei der Prüfung im trockenen Zustand niedriger als diejenigen der Proben mit Naßschußgarnen. Allerdings war der Unterschied keineswegs mehr so krass, wie er sich bei der Prüfung der Garne ergeben hatte und in den meisten Fällen nur von untergeordneter Bedeutung. Bei der Prüfung im nassen Zustand lagen die Verhältnisse umgekehrt. Bis auf zwei Fälle waren die Gewebe mit trockengesponnenem Schußgarn fester als die Proben mit Naßgespinsten im Schuß.

Unter den sieben Geweben wurde in einem Falle eine Ausnahme festgestellt, bei der sich die Gerstenkorn-Handtuchprobe mit Trockenschußgarnen sowohl bei der Trockenreißung als auch in auffallendem Maße bei der Naßreißung fester erwies als der Vergleichsabschnitt mit Naßschußgarn.

An den 25 x gewaschenen Geweben zeigte sich, daß der beim Waschen eingetretene Festigkeitsverlust der Proben mit Trockenschußgarn niedriger war als der ihrer Gegenproben mit Naßgarn.

Die Bruchdehnungen der Gewebe mit Naß- und Trockengarnen ergaben beim Vergleich der neuwertigen Gewebe im ganzen gesehen Vorteile für die letztgenannten, vor allem bei der Trockenprüfung. Nach 25 Wäschen war demgegenüber ein durchweg besseres Dehnungsverhalten der Gewebe mit Naßschußgarn festzustellen.

7. Vor- und Nachteile bei Herstellung und Einsatz naß- und trockengesponnener Leinengarne

Die durchgeführten Versuche und ihre Auswertung ergeben den folgenden Überblick über die Vor- und Nachteile bei der Herstellung naß- und trockengesponnener Leinengarne.

Im Trockenspinnverfahren sind bei Anwendung moderner Konstruktionen bis zu beachtlichen Garnfeinheiten erhebliche wirtschaftliche Vorteile enthalten. Die Gespinste weisen allerdings geringere Festigkeiten, hohe Ungleichmäßigkeiten und ein rauhes Aussehen auf. Nach der Bleiche der Garne treten diese Differenzen gemildert in Erscheinung.

Bei der Verarbeitung der Vergleichsgespinste als Schußgarn in Spulerei und Weberei haben sich charakteristische Unterschiede nicht ergeben.

Die erhaltenen Gewebe wurden dem Aussehen nach unterschiedlich beurteilt. Bei Wattierleinen und Gerstenkornhandtüchern wurde vorwiegend den Proben mit Trockengespinst, bei Bettüchern dem Gewebe mit Naßgarn der Vorzug gegeben. Die Ergebnisse der Luftdurchlässigkeits- und Saugfähigkeitsprüfung sprechen zugunsten der Gewebe mit Trockenschuß. Die Festigkeit der Proben mit trockengesponnenem Schußgarn lag bei Trockenprüfung im ganzen gesehen nur unwesentlich unter, bei Naßprüfung fast durchweg über derjenigen der Proben mit naßgesponnenem Schußgarn. Nach 25 Wäschen waren die Gewebe mit Trockenschuß auch bei der Trockenprüfung der Festigkeit nach überlegen. Die Unterschiede der Gewebedehnung waren nicht klar zu definieren.

8. Zusammenfassung

In Versuchen, die in Spinnerei und Weberei durchgeführt worden sind, wurden die nach dem heutigen Stand der Technik vorhandenen Möglichkeiten für Herstellung und Einsatz trockengesponnener Leinengarne über die heute üblichen Feinheiten dieses Gespinstes hinaus, untersucht.

Es wurden Flachsgarne Ne_L 20 (84 tex) und Ne_L 30 (56 tex), ebenso Flachswerggarne Ne_L 12 (140 tex) und Ne_L 20 (84 tex), jeweils aus gleichen Rohstoffmischungen nach dem Naßspinnverfahren sowie auf Gill- und

Perfect-Trockenspinnmaschinen hergestellt. Dabei wurden die Laufeigenschaften der Garne und die Spinnleistungen der einzelnen Maschinentypen erfaßt. Die Garne wurden im rohen und gebleichten Zustand auf ihre Eigenschaften untersucht.

Die miteinander zu vergleichenden Gespinste wurden als Schußgarne zu Gebrauchswaren, wie Wattierleinen, Gerstenkornhandtücher und Bettücher, verarbeitet, wobei die Laufeigenschaften in Vorbereitung und Weberei beobachtet wurden. Die hergestellten Versuchsgewebe wurden auf Festigkeit und Dehnung, Saugfähigkeit, Luftdurchlässigkeit und Aussehen nach der Ausrüstung neu sowie teilweise auch nach 25 Wäschen untersucht und beurteilt.

Die im vorausgegangenen Kurzabschnitt 7 zusammengefaßten Ergebnisse weisen auf die beachtlichen Möglichkeiten für den wirtschaftlichen Einsatz der trockengesponnenen Garne hin.

Wir danken Herrn Text.-Ing. M. Le CLAIRE und Herrn Dipl.-Ing. A. FUNDER für ihre Mitarbeit bei der Durchführung der Versuche und bei der Auswertung der Versuchsergebnisse.

                                    Dipl.-Ing. Waldemar Rohs

                                    Dipl.-Ing. Rudolf Otto

                                    Text.-Ing. Hugo Griese

Bielefeld, im August 1960

FORSCHUNGSBERICHTE DES LANDES NORDRHEIN-WESTFALEN

Herausgegeben durch das Kultusministerium

TEXTILFASERFORSCHUNG · TEXTILCHEMIE · TEXTILPHYSIK TEXTILTECHNIK · WÄSCHEREIFORSCHUNG

HEFT 3
Techn.-Wissenschaftl. Büro für die Bastfaserindustrie, Bielefeld
Untersuchungsarbeiten zur Verbesserung des Leinenwebstuhls
1952, 44 Seiten, 7 Abb., 3 Tabellen, DM 12,50

HEFT 9
Techn.-Wissenschaftl. Büro für die Bastfaserindustrie, Bielefeld
Untersuchungen über die zweckmäßige Wicklungsart von Leinengarnkreuzspulen unter Berücksichtigung der Anwendung hoher Geschwindigkeiten des Garnes
Vorversuche für Zetteln und Schären von Leinengarnen auf Hochleistungsmaschinen
1952, 48 Seiten, 7 Abb., 7 Tabellen, DM 9,25

HEFT 13
Techn.-Wissenschaftl. Büro für die Bastfaserindustrie, Bielefeld
Das Naßspinnen von Bastfasergarnen mit chemischen Zusätzen zum Spinnbad
1953, 52 Seiten, 4 Abb., 19 Tabellen, DM 10,—

HEFT 15
Wäschereiforschung Krefeld
Trocknen von Wäschestoffen. I. Lufttrocknung: Untersuchungen an Tumblern
1953, 40 Seiten, 14 Abb., 2 Tabellen, DM 9,—

HEFT 17
Ingenieurbüro Herbert Stein, M.-Gladbach
Untersuchung der Verzugsvorgänge in den Streckwerken verschiedener Spinnereimaschinen. 1. Bericht: Vergleichende Prüfung mit verschiedenen Dickenmeßgeräten
1952, 36 Seiten, 15 Abb., DM 8,—

HEFT 18
Wäschereiforschung Krefeld
Grundlagen zur Erfassung der chemischen Schädigung beim Waschen
1953, 68 Seiten, 15 Abb., 15 Tabellen, DM 12,75

HEFT 19
Techn.-Wissenschaftl. Büro für die Bastfaserindustrie, Bielefeld
Die Auswirkung des Schlichtens von Leinengarnketten auf den Verarbeitungswirkungsgrad sowie die Festigkeit und Dehnungsverhältnisse der Garne und Gewebe
1953, 48 Seiten, 1 Abb., 9 Tabellen, DM 9,—

HEFT 20
Techn.-Wissenschaftl. Büro für die Bastfaserindustrie, Bielefeld
Trocknung von Leinengarnen I
Vorgang und Einwirkung auf die Garnqualität
1953, 62 Seiten, 18 Abb., 5 Tabellen, DM 12,—

HEFT 21
Techn.-Wissenschaftl. Büro für die Bastfaserindustrie, Bielefeld
Trocknung von Leinengarnen II
Spulenanordnung und Luftführung beim Trocknen von Kreuzspulen
1953, 66 Seiten, 22 Abb., 9 Tabellen, DM 13,—

HEFT 22
Techn.-Wissenschaftl. Büro für die Bastfaserindustrie, Bielefeld
Die Reparaturanfälligkeit von Webstühlen
1953, 28 Seiten, 7 Abb., 5 Tabellen, DM 5,80

HEFT 26
Techn.-Wissenschaftl. Büro für die Bastfaserindustrie, Bielefeld
Vergleichende Untersuchungen zweier neuzeitlicher Ungleichmäßigkeitsprüfer für Bänder und Garne hinsichtlich ihrer Eignung für die Bastfaserspinnerei
1953, 64 Seiten, 30 Abb., DM 12,50

HEFT 29
Techn.-Wissenschaftl. Büro für die Bastfaserindustrie, Bielefeld
Die Ausnützung der Leinengarne in Geweben
1953, 100 Seiten, 14 Abb., 10 Tabellen, DM 17,80

HEFT 32
Techn.-Wissenschaftliches Büro für die Bastfaserindustrie, Bielefeld
Der Einfluß der Natriumchloritbleiche auf Qualität und Verwebbarkeit von Leinengarnen und die Eigenschaften der Leinengewebe unter besonderer Berücksichtigung des Einsatzes von Schützen- und Spulenwechselautomaten in der Leinenweberei
1953, 64 Seiten, 2 Abb., 12 Tabellen, DM 11,50

HEFT 34
Textilforschungsanstalt Krefeld
Quellungs- und Entquellungsvorgänge bei Faserstoffen
1953, 52 Seiten, 13 Abb., 13 Tabellen, DM 9,80

HEFT 35
Prof. Dr. W. Kast, Krefeld
Feinstrukturuntersuchungen an künstlichen Zellulosefasern verschiedener Herstellungsverfahren. Teil I: Der Orientierungszustand
1953, 74 Seiten, 30 Abb., 7 Tabellen, DM 13,80

HEFT 41
Techn.-Wissenschaftl. Büro für die Bastfaserindustrie, Bielefeld
Untersuchungsarbeiten zur Verbesserung des Leinenwebstuhles II
1953, 40 Seiten, 4 Abb., 5 Tabellen, DM 7,80

HEFT 63
Textilforschungsanstalt Krefeld
Neue Methoden zur Untersuchung der Wirkungsweise von Textilhilfsmitteln
Untersuchungen über Schlichtungs- und Entschlichtungsvorgänge
1954, 34 Seiten, 1 Abb., 5 Tabellen, DM 6,80

HEFT 64
Textilforschungsanstalt Krefeld
Die Kettenlängenverteilung von hochpolymeren Faserstoffen
Über die fraktionierte Fällung von Polyamiden
1954, 44 Seiten, 13 Abb., DM 8,60

HEFT 69
Wäschereiforschung Krefeld
Bestimmung des Faserabbaues bei Leinen unter besonderer Berücksichtigung der Leinengarnbleiche
1954, 48 Seiten, 15 Abb., 3 Tabellen, DM 9,60

HEFT 70
Wäschereiforschung Krefeld
Trocknen von Wäschestoffen. II. Kontakttrocknung: Untersuchungen über den Trockenvorgang und die Wäschebeanspruchung bei der Kontakttrocknung
1954, 42 Seiten, 18 Abb., 3 Tabellen, DM 10,—

HEFT 79
Techn.-Wissenschaftl. Büro für die Bastfaserindustrie, Bielefeld
Trocknung von Leinengarnen III
Spinnspulen- und Spinnkopstrocknung
Vorgang und Einwirkung auf die Garnqualität
1954, 74 Seiten, 18 Abb., 10 Tabellen, DM 14,—

HEFT 80
Techn.-Wissenschaftl. Büro für die Bastfaserindustrie, Bielefeld
Die Verarbeitung von Leinengarn auf Webstühlen mit und ohne Oberbau
1954, 30 Seiten, 2 Abb., 2 Tabellen, DM 6,—

HEFT 84
Dr. H. Baron, Düsseldorf
Über Standardisierung von Wundtextilien
1954, 32 Seiten, DM 6,40

HEFT 85
Textilforschungsanstalt Krefeld
Physikalische Untersuchungen an Fasern, Fäden, Garnen und Geweben:
Untersuchungen am Knickscheuergerät nach Weltzien
1954, 40 Seiten, 11 Abb., 8 Tabellen, DM 10,—

HEFT 92
Techn.-Wissenschaftl. Büro für die Bastfaserindustrie, Bielefeld und Institut für textile Meßtechnik, M.-Gladbach
Messungen von Vorgängen am Webstuhl
1954, 76 Seiten, 45 Abb., 8 Tabellen, DM 15,50

HEFT 93
Prof. Dr. W. Kast, Krefeld
Spinnversuche zur Strukturerfassung künstlicher Zellulosefasern
1954, 82 Seiten, 39 Abb., 6 Tabellen, DM 16,—

HEFT 97
Ing. H. Stein, M.-Gladbach
Untersuchung der Verzugsvorgänge an den Streckwerken verschiedener Spinnereimaschinen
2. Bericht: Ermittlung der Haft-Gleiteigenschaften von Faserbändern und Vorgarnen
1955, 98 Seiten, 54 Abb., DM 21,—

HEFT 119
Dr.-Ing. O. Viertel, Krefeld
Wäscherei- und energietechnische Untersuchung einer Gemeinschafts-Waschanlage
1955, 50 Seiten, 18 Abb., DM 10,20

HEFT 159
Dr.-Ing. O. Viertel und O. Oldenroth, Krefeld
Das Bleichen von Weißwäsche mit Wasserstoffsuperoxyd bzw. Natriumhypochlorit beim maschinellen Waschen
1955, 54 Seiten, 23 Abb., 2 Tabellen, DM 11,45

HEFT 161
Prof. Dr. W. Weltzien und Dr. G. Hauschild, Krefeld
Über Silikone und ihre Anwendung in der Textilveredlung
1955, 162 Seiten, 22 Abb., 10 Tabellen, DM 27,—

HEFT 163
Dipl.-Ing. W. Rohs und Text.-Ing. H. Griese, Bielefeld
Untersuchungsarbeiten zur Verbesserung des Leinenwebstuhls III
1955, 80 Seiten, 15 Abb., 18 Tabellen, DM 15,80

HEFT 171
Wäschereiforschung Krefeld
Untersuchung der Wäscheentwässerung mit Hilfe von Zentrifugen und Pressen
1955, 42 Seiten, 16 Abb., 4 Tabellen, DM 9,70

HEFT 172
Dipl.-Ing. W. Rohs, Dr.-Ing. G. Satlow und Text.-Ing. G. Heller, Bielefeld
Trocknung von Hanfgarnen. Kreuzspultrocknung
1955, 60 Seiten, 7 Abb., 4 Tabellen, DM 10,30

HEFT 173
Prof. Dr. R. Hosemann und Dipl.-Phys. G. Schoknecht, Berlin, vorgelegt von Prof. Dr. W. Kast, Krefeld
Lichtoptische Herstellung und Diskussion der Faltungsquadrate parakristalliner Gitter
1956, 108 Seiten, 63 Abb., 6 Tabellen, DM 24,70

HEFT 185
Dipl.-Ing. W. Rohs und Text.-Ing. G. Heller, Bielefeld
Studien an einem neuzeitlichen Kreuzspultrockner für Bastfasergarne mit Wiederbefeuchtungszone
1955, 52 Seiten, 9 Abb., 3 Tabellen, DM 10,70

HEFT 196
Dipl.-Ing. W. Rohs und Text.-Ing. H. Griese, Bielefeld
Auswirkungen von Garnfehlern bei der Verarbeitung von Leinengarnen
1955, 24 Seiten, 3 Abb., 6 Tabellen, DM 7,80

HEFT 199
Textilforschungsanstalt Krefeld
Die Messung von Gewebetemperaturen mittels Temperaturstrahlung
1955, 50 Seiten, 12 Abb., DM 10,90

HEFT 226
Technisch-wissenschaftliches Büro für die Bastfaserindustrie, Bielefeld
Untersuchungen zur Verbesserung des Leinenwebstuhles IV
Die Wirkung verschiedener Kettbaumbremsen auf die Verwebung von Leinengarnen
1956, 64 Seiten, 9 Abb., 4 Tabellen, DM 13,50

HEFT 236
Dr.-Ing. O. Viertel und S. Lucas, Krefeld
Ergebnisse einer Hausfrauenbefragung über Wascheinrichtungen und Waschmethoden in städtischen Haushaltungen
1956, 34 Seiten, 4 Abb., DM 7,60

HEFT 238
Institut für textile Meßtechnik e. V., M.-Gladbach
Untersuchungen der Verzugsvorgänge an den Streckwerken verschiedener Spinnereimaschinen. 3. Bericht: Theoretische Betrachtungen über den Einfluß schlagender Zylinder und Druckrollen
1956, 66 Seiten, 21 Abb., DM 14,10

HEFT 260
Prof. Dr. A. H. Stuart und Dipl.-Phys. H. G. Fendler, Hannover
Lichtzerstreuungsmessungen an Lösungen hochpolymerer Stoffe
1956, 70 Seiten, 20 Abb., 5 Tabellen, DM 15,60

HEFT 261
Prof. Dr. W. Kast, Freiburg (Br.)
Feinstruktur-Untersuchungen an künstlichen Zellulosefasern verschiedener Herstellungsverfahren.
Teil II: Der Kristallisationszustand
1956, 80 Seiten, 27 Abb., 11 Tabellen, DM 17,20

HEFT 273
Fa. K. H. W. Tacks G.m.b.H., Wuppertal-Barmen
Erfahrungen beim Verspinnen von Perlonfasern und bei der Herstellung von Trikotagen aus gesponnenem Perlon
1956, 36 Seiten, DM 7,90

HEFT 292
Dipl.-Ing. W. Rohs und Text.-Ing. H. Griese, Bielefeld
Webversuche an Leinenwebstühlen mit verbesserter Schaftbewegung
1956, 34 Seiten, 3 Abb., 2 Tabellen, DM 7,60

HEFT 301
Prof. Dr. W. Weltzien, Dr. G. Cossmann und P. Diehl, Krefeld
Über die fraktionierte Fällung von Polyamiden (II)
1956, 54 Seiten, 1 Abb., 16 Tabellen, DM 11,30

HEFT 302
Prof. Dr.-Ing. W. Wegener und Dipl.-Ing. W. Zahn, Aachen
Untersuchungen von gesponnenen Garnen auf ihre Gleichmäßigkeit nach verschiedenen Meßmethoden
1957, 58 Seiten, 34 Abb., DM 15,20

HEFT 307
Privat-Doz. Dr. J. Juilfs, Krefeld
Vergleichende Untersuchungen zur elastischen und bleibenden Dehnung von Fasern
1956, 36 Seiten, 11 Abb., DM 8,30

HEFT 308
Privat.-Doz. Dr. J. Juilfs, Krefeld
Zur Messung der Fadenglätte
1956, 22 Seiten, 10 Abb., 2 Tabellen, DM 8,—

HEFT 338
Prof. Dr.-Ing. W. Wegener Aachen, und Dipl.-Ing. J. Schneider, M.-Gladbach
Die Bedeutung der Knotenart für die Herabminderung der Fadenbrüche
1957, 40 Seiten, 6 Abb., 17 Tabellen, DM 9,80

HEFT 339
Prof. Dr.-Ing. W. Wegener und Dipl.-Ing. W. Zahn, Aachen
Vergleich des normalen mit verschiedenen abgekürzten Baumwollspinnverfahren in bezug auf Gleichmäßigkeit und Sortierungsstreuung der Garne
1956, 36 Seiten, 17 Abb., 17 Tabellen, DM 12,70

HEFT 340
Dipl.-Ing. W. Rohs und Dipl.-Ing. R. Otto, Bielefeld
Das Naßspinnen von Bastfasergarnen mit Spinnbadzusätzen unter Ausnutzung einer zentralen Spinnwasserversorgungsanlage
1956, 56 Seiten, 2 Abb., 6 Tabellen, DM 11,60

HEFT 358
Prof. Dr. rer. nat. W. Weltzien, Dipl.-Chem. P. Ringel und Text.-Ing. H. Kirchhoff, Krefeld
Die Waschechtheit von Färbungen. Vergleichende Untersuchungen auf dem Gebiete der Echtheitsprüfung
1958, 26 Seiten, 12 Farbtafeln, DM 58,—

HEFT 378
Oberingenieur H. Stein, M.-Gladbach
Beobachtung und maßtechnische Erfassung der Vorgänge im Spinn- und Aufwindefeld von Ringspinn- und Ringzwirnmaschinen
1957, 104 Seiten, 88 Abb., 3 Tabellen, DM 26,90

HEFT 379
Institut für textile Meßtechnik, M.-Gladbach
Schußfadenspannung beim Weben
1957, 76 Seiten, 17 Abb., 47 Diagramme, 3 Tabellen, DM 18,60

HEFT 381
Priv.-Doz. Dr. habil. J. Juilfs, Krefeld
Zur Dichtebestimmung von Fasern. Methoden und Beispiele der praktischen Anwendung
1957, 76 Seiten, 34 Abb., 18 Tabellen, DM 17,—

HEFT 393
Dr.-Ing. O. Viertel und S. Brückner-Lucas, Krefeld
Arbeitszeitstudien an Haushaltwaschmaschinen
1957, 74 Seiten, 8 Abb., 13 Tabellen, DM 17,30

HEFT 397
Dipl.-Ing. W. Rohs und Dipl.-Ing. R. Otto, Bielefeld
Ungleichmäßigkeiten in Bändern von Bastfaserkarden, ihre Ursachen und Auswirkungen
1957, 60 Seiten, 18 Abb., 42 Diagramme, DM 14,80

HEFT 433
Dr.-Ing. G. Satlow, Aachen
Über einige physikalische und chemische Eigenschaften der Wolle von der gewaschenen Wolle bis zum Kammzug
1957, 72 Seiten, 15 Abb., 19 Tabellen, DM 15,25

HEFT 434
Dipl.-Ing. W. Rohs und Dr. I. Geurten, Bielefeld
Schlichten für Baumwollgarne
1957, 96 Seiten, 3 Abb., zahlreiche Tabellen, DM 23,70

HEFT 435
Dipl.-Ing. W. Rohs und Dipl.-Ing. L. Steinmetz, Bielefeld
Die Masseungleichmäßigkeit von Flachstreckenbändern in Abhängigkeit von Verzug und Dopplung
1957, 42 Seiten, 4 Abb., 2 Tabellen, DM 9,90

HEFT 436
Priv.-Doz. Dr. habil. J. Juilfs, Krefeld
Zur Bestimmung der Reißlast (Zugfestigkeit) von Fasern, Fäden und Garnen
1959, 26 Seiten, 7 Abb., 5 Tabellen, DM 8,60

HEFT 442
Dipl.-Ing. W. Rohs, Text.-Ing. H. Griese und Text.-Ing. W. Lauer, Bielefeld
Die Auswirkungen der Trocknungsart naßgesponnener Leinengarne auf deren Verarbeitungswirkungsgrad sowie auf die Festigkeits- und Dehnungseigenschaften der Garne und Gewebe
1957, 28 Seiten, 2 Abb., 3 Tabellen, DM 6,50

HEFT 452
Prof. Dr. rer. nat. W. Weltzien und Dr. phil. K. Windeck, Krefeld
Veränderungen an Fasern bei der Bleiche mit Natriumchlorid und über einige Vergilbungserscheinungen
1957, 64 Seiten, 3 Abb., 13 Tabellen, DM 14,85

HEFT 479
Prof. Dr.-Ing. W. Wegener, Aachen und Dipl.-Ing. H. Fournè, Bochum
Ursachen des Überschreitens der Toleranzgrenze nach oben oder unten (Meter pro Gramm) an der Strecke
1958, 60 Seiten, 17 Abb., 3 Tabellen, DM 14,60

HEFT 494
Dipl.-Ing. W. Rohs und Text.-Ing. H. Griese, Bielefeld
Entwicklung und Erprobung eines verbesserten elektrischen Kettfadenwächtergschirrs für die Leinen- und Halbleinenweberei
1957, 56 Seiten, 9 Abb., 11 Tabellen, DM 13,—

HEFT 496
Dipl.-Chem. P. Vogel, Krefeld
Färberische Eigenschaften von zur Herstellung von Verdickungen in der Stoffdruckerei bestimmten Stoffen
1957, 38 Seiten, 3 Abb., 3 Tabellen, DM 9,30

HEFT 498
Prof. Dr.-Ing. H. Zahn und Dr. rer. nat. W. Gerstner, Aachen
Herstellung säurefester technischer Gewebe
1957, 40 Seiten, 8 Tabellen, DM 9,65

HEFT 499
Priv.-Doz. Dr. J. Juilfs, Krefeld
Die Bestimmung des Wasserrückhaltevermögens (bzw. des Quellwertes) von Fasern
1958, 42 Seiten, 8 Abb., 8 Tabellen, DM 10,35

HEFT 500
Priv.-Doz. Dr. habil. J. Juilfs, Krefeld
Vergleichende Untersuchungen am Schopper-Scheuerprüfgerät
1958, 60 Seiten, 34 Abb., verschied. Tabellen, DM 18,10

HEFT 501
Dipl.-Ing. W. Rohs und Dr. I. Geurten, Bielefeld
Untersuchungen in der Leinengarnbleiche
1958, 50 Seiten, 5 Abb., 5 Tabellen, DM 11,50

HEFT 587
Dipl.-Ing. H. Schmidt, Krefeld
Auswirkung der Strömungsverhältnisse in Trommelwaschmaschinen unter besonderer Berücksichtigung des Durchlaufspülens
1958, 20 Seiten, 8 Abb., DM 8,45

HEFT 609
Dipl.-Ing. W. Rohs und Dipl.-Ing. L. Steinmetz, Technisch-Wissenschaftliches Büro für die Bastfaserindustrie, Bielefeld
Verteilung der Bastfasern im Verzugsfeld einer Nadelstabstrecke
1958, 42 Seiten, 10 Abb., 2 Tabellen, DM 13,45

HEFT 614
Prof. Dr. W. Weltzien, Priv.-Dozent Dr. rer. nat. habil. J. Juilfs und Dr. rer. nat. W. Bubser, Krefeld
Die Textilforschungsanstalt Krefeld 1920—1958
Ein Bericht zur Einweihung ihres Neubaus Frankenring 2
1958, 78 Seiten, 11 Abb., 5 Baupläne, DM 23,80

HEFT 621
Techn.-Wissensch. Büro für die Bastfaserindustrie, Bielefeld
Untersuchungen zur Verbesserung des Leinenwebstuhles V
1958, 42 Seiten, 6 Abb., 8 Tabellen, DM 11,30

HEFT 632
Prof. Dr.-Ing. W. Wegener, Aachen
Aufstellung und Vergleich von Variance-within- und Variance-between-Kurven von Garnen, die nach verschiedenen Spinnverfahren hergestellt werden
1958, 72 Seiten, 35 Abb., DM 19,10

HEFT 633
Prof. Dr.-Ing. W. Wegener und Dipl.-Ing. E. Haase-Deyerling, Aachen
Entwicklung und Bau eines vollautomatischen Faserlängenprüfgerätes (Stapelprüfgerät) auf kapazitiver Grundlage, Erprobungen dieses Gerätes und Vergleich mit den bislang üblichen Verfahren auf manueller Basis
1958, 32 Seiten, 15 Abb., 5 Tabellen, DM 10,10

HEFT 654
Obering. H. Stein und Text.-Ing. H. v. d. Weyden Institut für Textile Meßtechnik, M.-Gladbach Dipl.-Ing. W. Rohs und Text.-Ing. H. Griese Techn.-Wissenschaftl. Büro für die Bastfaserindustrie Bielefeld
Untersuchungen an Spulvorrichtungen in der Leinen- und Halbleinenweberei
1958, 98 Seiten, 29 Abb., DM 23,80

HEFT 674
Dipl.-Ing. W. Rohs, Bielefeld
Die Ausnutzung der Garnfestigkeit in Halbleinengeweben
1958, 60 Seiten, 6 Abb., DM 14,30

HEFT 699
Dr.-Ing. Erich Wagner, Wuppertal
Studium der Drehungsverhältnisse an Perlon und Nylongarnen zur Herstellung von Strumpfgewirken
1959, 30 Seiten, 11 Abb., DM 9,20

HEFT 700
Oberingenieur H. Stein, M.-Gladbach
Zugprüfungen an Textilien mit einer weglosen, elektronischen Kraftmeßeinrichtung
1958, 103 Seiten, 62 Abb., 3 Tabellen, DM 32,—

HEFT 722
Dr.-Ing. O. Viertel, und Eva Malz, Krefeld
Mechanische Wäschebeanspruchung und Waschwirkung in Rührwerkmaschinen
1959, 59 Seiten, 25 Abb., 23 Tabellen, DM 16,50

HEFT 730
Obering. H. Stein und Dipl.-Phys. S. Hobe, M.-Gladbach
Gerät zum Auffinden von Fadenverdickungen bei hohen Prüfgeschwindigkeiten
1959, 56 Seiten, 28 Abb., 2 Tabellen, DM 14,80

HEFT 731
Dr.-Ing. G. Satlow, Aachen
Hautwolle und Schurwolle. Eine Gegenüberstellung ihrer wichtigsten chemischen und physikalischen Eigenschaften
1959, 96 Seiten, 4 Abb., 31 Tabellen, DM 23,60

HEFT 732
Dipl.-Ing. W. Rohs und Dipl.-Ing. R. Otto, Bielefeld
Messung von Verzugskräften in Nadelfeldern von Bastfaserstrecken
1959, 40 Seiten, 9 Abb., 4 Tabellen, DM 11,60

HEFT 749
Dipl.-Ing. W. Rohs und Text.-Ing. H. Griese, Bielefeld
Einfluß verschiedener Webfaktoren auf die Krumpfung von Halbleinen- und Baumwollgeweben
1959, 28 Seiten, 2 Abb., 10 Tabellen, DM 8,60

HEFT 761
Dr. I. Lambrinou-Geurten, Bielefeld
Untersuchungen zur rationellen Durchfärbbarkeit von Bastfasergarnen
1959, 54 Seiten, 1 Abb., 16 Tabellen, DM 14,10

HEFT 790
Prof. Dr. W. Kast, Freiburg (Breisgau)
Fließvorgänge in der Spinndüse und dem Blaukonus des Cuoxam-Verfahrens
1960, 131 Seiten, 59 Abb., 37 Tabellen, DM 36,50

HEFT 816
Dr. rer. nat. H. Pfannmüller, Textilchemikerin M. Pfannmüller und Prof. Dr.-Ing. H. Zahn, Aachen
Die Bewetterung chemisch modifizierter Wollgarne
1960, 28 Seiten, DM 10,10

HEFT 817
Dr. rer. nat. H. Kessler, Aachen
Die Zwei- und Dreifaseranalyse auf Grund der Bestimmung von Cystin und Stickstoff
1960, 28 Seiten, DM 8,70

HEFT 818
Prof. Dr.-Ing. W. Wegener, Aachen
Grundlegende Untersuchungen zur Frage der Spinnavivierung von Rohbaumwolle
1959, 33 Seiten, DM 10,70

HEFT 839
Prof. Dr. J. Juilfs, Krefeld
Zur Bestimmung der Absolutdichte von Fasern
1960, 24 Seiten, 5 Abb., 3 Tabellen, DM 8,10

HEFT 846
Oberingenieur H. Stein und Ing. Eidelsburger, Mönchengladbach
Untersuchungen an Baumwollkarden zwecks Ermittlung der Fehlerursachen für Dickeschwankungen
1960, 46 Seiten, 23 Abb., DM 14,30

HEFT 850
Dr.-Ing. O. Viertel, Krefeld
Maßänderung und Faserbeanspruchung von Wäschestoffen bei verschiedenen Trocknungsverfahren
1960, 34 Seiten, 9 Abb., 12 Tabellen, DM 10,70

HEFT 865
Textil.-Ing. J. Ilg, Krefeld
Ermittlung des Gebrauchswertes von Handtüchern verschiedener Qualität
1960, 45 Seiten, 6 Abb., 22 Tabellen, DM 13,20

HEFT 869
Dipl.-Ing. W. Rohs und Textil-Ing. H. Griese, Bielefeld
Zusammenwirken von Kett- und Schußfadenspannungen und ihr Einfluß auf den Gewebeausfall
1960, 32 Seiten, 4 Abb., 6 Tabellen, DM 9,90

HEFT 879
Dipl.-Chem. Dr. H. G. Fröhlich, Mönchengladbach
Einsatz von künstlichen Eiweißfasern in Mischung mit Wolle und Kaninhaar zur Herstellung von Hutfilzen
1960, 42 Seiten, 15 Abb., 10 Tabellen, DM 12,90

HEFT 885
Dr. J. Lambrinou, Krefeld
Einfluß von Fettzusätzen auf das rheologische Verhalten von Schlichteflotten
1960, 58 Seiten, 18 Abb., 3 Tabellen, DM 16,50

HEFT 892
Dipl.-Ing. H. Schmidt, Krefeld
Untersuchung über die Wäschebewegung in Trommelwaschmaschinen unter besonderer Berücksichtigung der Reinigungswirkung und des Faserabriebs
1960, 28 Seiten, 9 Abb., DM 9,—

HEFT 896
Prof. Dr.-Ing. W. Wegener, Aachen
Einfluß der höheren Vorgarndrehung geflyerter Lunten auf die Ungleichmäßigkeit und die dynamometrischen Eigenschaften des fertigen Garnes
1960, 28 Seiten, 12 Abb., 3 Tabellen, DM 9,20

HEFT 897
Prof. Dr.-Ing. W. Wegener und Dipl.-Ing. D. Quambusch, Aachen
Zusammenhang zwischen dem Raumklima und der elektrostatischen Aufladung des Spinnmaterials

---

Volks- und betriebswirtschaftliche Untersuchungen auf dem Textilgebiet

HEFT 186
Dr. E. Wedekind, Krefeld
Untersuchungen zur Arbeitsbestgestaltung bei der Fertigstellung von Oberhemden in gewerblichen Wäschereien
1955, 124 Seiten, 28 Abb., 6 Tabellen, 2 Falttafeln, DM 12,—

HEFT 197
Dr. E. Wedekind, Krefeld
Untersuchungen zur Bestimmung der optimalen Arbeitsplatzgröße bei Mehrstuhlarbeit in der Weberei
1955, 92 Seiten, 34 Abb., DM 18,50

HEFT 222
Dr. L. Köllner, Münster und Dipl.-Volkswirt M. Kaiser, Bochum
Die internationale Wettbewerbsfähigkeit der westdeutschen Wollindustrie
1956, 214 Seiten, 5 Abb., DM 39,50

HEFT 323
Prof. Dr. R. Seyffert, Köln
Wege und Kosten der Distribution der Textilien, Schuh- und Lederwaren
1956, 98 Seiten, 37 Tabellen, 1 Falttafel, DM 12,—

HEFT 607
Dr. H. Schlachter, Münster
Die Wettbewerbslage der westdeutschen Juteindustrie
1958, 137 Seiten, 35 Tab., DM 32,—

HEFT 631
Dr. E. Wedekind, Krefeld
Der Einfluß der Automatisierung auf die Struktur der Maschinen und Arbeiterzeiten am mehrstelligen Arbeitsplatz in der Textilindustrie
1958, 86 Seiten, 34 Abb., DM 21,10

HEFT 715
Dr. E. Wedekind, Krefeld
Die Auftragsplanung und Arbeitsorganisation in gewerblichen Wäschereien
1959, 116 Seiten, 25 Abb., DM 29,50

HEFT 819
Dipl.-Volkswirt Dr. H. H. Kaup, Münster
Einkommen und Textilverbrauch
1960, 92 Seiten, 34 Tabellen, DM 23,20

HEFT 826
Wäschereiforschung Krefeld e. V.
Arbeitszeitstudien an Haushaltsbottichwaschmaschinen gleicher Art und Größe mit verschiedener Ausstattung
1960, 37 Seiten, 10 Abb., 4 Tabellen, DM 12,20

HEFT 827
Dr.-Ing. E. Sattler, Verband Deutscher Streichgarnspinner, Düsseldorf
Disposition mit Arbeitsvorbereitung und Vertriebsvorbereitung in der einstufigen (Verkaufs-) Streichgarnspinnerei
1960, 60 Seiten, DM 15,90

HEFT 828
C. Brzeskiewicz, Verband der Deutschen Tuch- und Kleiderstoffindustrie e. V., Köln, im Verein mit dem Ausschuß für wirtschaftliche Fertigung e. V., Düsseldorf
Disposition mit Arbeitsvorbereitung und Vertriebsvorbereitung in der Tuch- und Kleiderstoffindustrie
1960, 67 Seiten, 8 Anlagen, DM 17,90

HEFT 847
Oberingenieur H. Stein und Ing. M. Eidelsburger, Mönchengladbach
Untersuchungen über den Ablauf der Arbeitsvorgänge bei Schlagmaschinen in Baumwoll- und Zellwollaufbereitungsanlagen
1960, 54 Seiten, 29 Abb., DM 16,70

HEFT 874
Dr. E. Wedekind und Textil-Ing. H. Kokerbeck, Krefeld
Untersuchungen über rationelle Arbeitsweisen bei Preß- und Bügelvorgängen in Chemisch-Reinigungsbetrieben
1960, 102 Seiten, 17 Abb., zahlr. Tabellen, DM 26,50

Ein Gesamtverzeichnis der Forschungsberichte, die folgende Gebiete umfassen, kann bei Bedarf vom Verlag angefordert werden:

Acetylen / Schweißtechnik – Arbeitspsychologie und -wissenschaft – Bau / Steine / Erden – Bergbau – Biologie – Chemie – Eisenverarbeitende Industrie – Elektrotechnik / Optik – Fahrzeugbau / Gasmotoren – Farbe / Papier / Photographie – Fertigung – Gaswirtschaft – Hüttenwesen / Werkstoffkunde – Luftfahrt / Flugwissenschaften – Maschinenbau – Medizin / Pharmakologie / Physiologie – NE-Metalle – Physik – Schall / Ultraschall – Schiffahrt – Textiltechnik / Faserforschung / Wäschereiforschung – Turbinen – Verkehr – Wirtschaftswissenschaften.

If you have any concerns about our products,
you can contact us on
ProductSafety@springernature.com

In case Publisher is established outside the EU,
the EU authorized representative is:
Springer Nature Customer Service Center GmbH
Europaplatz 3, 69115 Heidelberg, Germany

Printed by Libri Plureos GmbH
in Hamburg, Germany